致玛丽亚

面包基础

基础知识 & 配方

[德] 卢茨·盖斯勒◎著　　李一汀　史雨晨◎译

北京科学技术出版社

目　录

前　言

2008 年，我对烘焙产生了浓厚的兴趣。这种兴趣远非过去对其他事物的兴趣可比，我对烘焙已经不能仅仅用"爱好"这个词来形容了。希望作为读者的你也能被我的这份热情所感染。

参考网络上的各个优秀配方后，毫无经验的我用自己的烤箱进行了第一次烘焙。在这里我要特别感谢彼德拉·霍尔茨阿普费尔和格拉尔德·克尔纳，正是他们的美食博客为我的这个兴趣的发展奠定了基石。

不久之后，我就开始在网络上记录自己的烘焙经历。我从网络上不计其数的资料和一些专业书籍中收集和整理了许多烘焙知识。同时，我还在面包店里帮忙，与面包烘焙爱好者交流和分享相关知识。这些经历使我意识到，到目前为止，德国还没有一本将面包烘焙的基础知识进行全面归纳和总结的书。因此，我为那些喜欢烘焙、重视传统和面包品质的人创作了这本面包烘焙书。

以个人经验来说，我建议烘焙新手直接开始行动，先尝试本书中的初级配方，从错误中学习，然后针对错误产生的原因查阅本书。

请将这本书当作你的参考书，当你有疑问或想了解面包烘焙知识的时候，可以随时翻阅。

这本书在短短几个月之内就再版了。没有大家的支持，我无法完成这本书的写作。我要感谢和我一样热爱烘焙的好友费利克斯·海姆勒，我在书中借鉴了他的许多经验。感谢阿妮塔·福格特为本书创作了梦幻般的插图。感谢面包大师沃尔夫冈·苏普科、安妮·洛辛斯基和托比亚斯·霍菲西。感谢我的父母和我能干的妻子，他们帮助我认真地修改了本书的书稿。

我的妻子和女儿洛特让我没有后顾之忧，能够一晚又一晚、一周又一周地专心写作。而你们，我的读者们，我衷心祝愿你们烤出完美的面包。

卢茨·盖斯勒

烘焙小知识

你可以先不阅读本书后面的烘焙基础知识，而直接将所有的配方统统尝试一遍。本书从第 7 页开始介绍了一些重要的烘焙术语，从第 156 页开始为你列出了烘焙的必备工具。一些与配方相关的、有助于烘焙的小知识将在本章介绍。

面包烘焙的结果有一定的不确定性。你应该熟练掌握书中的配方，将它们作为烤出优质面包的帮手、指南或初级教程，而非将它们当作一成不变的公式。请你循序渐进，积累经验。

没有天生的烘焙高手。刚开始烘焙时，虽然你做出的面包没有想象中的漂亮，但多数情况下它们的味道还是很不错的。

准备时间和制作时间

在每一个配方中，我都给出了实际需要的准备时间和制作时间。烘焙当日之前的准备工作都很重要，比如准备天然酵种、酵头或者需要整夜发酵的面团。制作工作则是指烘焙当日的所有任务。

配方中的实际耗时指你在厨房中的实际工作时间，而总耗时还包括面团的发酵时间和烘焙时间。

你会发现，面包烘焙并不像大多数人认为的那样会耗费大量的时间，因为大多数时候面团都处于发酵状态，在此期间你可以去做其他事情。

面团总重量和单个面团重量

配方中的面团总重量精确到克，它是指主面团的重量。与之相对，单个面团重量则是一个个小面团的重量。这些小面团是由切割大面团得到的。如果配方中这两个数值相同，那就说明面包是由整个大面团烘焙而成的。而在小面包的烘焙中，这两个数值是不同的。例如，你制作了一个 800 克的面团，单个面团重量为 100 克，那么能烘焙出 8 个小面包。

将单个面团重量乘以 75%~90%，你就能计算出烤好的面包的重量了。这里会出现烘焙损耗，主要是因为烘焙时面团中的水分蒸发了。

面团得率

每个配方中都给出了面团得率，它反映了面团湿度。如果面团得率较高（大于 165），说明该面团较松软；如果面团得率较低（小于 160），则说明该面团较紧实。面团得率的计算公式为面团的总量与面粉的比乘以 100（见第 204 页）。我在一些配方中会用到"面团得率（理论值）"这一概念，即单纯通过理论和计算得出的面团得率，这样做的原因是面团中有一些原料可以吸收相当多的水分。因此，虽然某个面团通过计算得出面团得率很高，但此时面团仍比较紧实，你能够顺利地继续进行加工制作。

计算面团得率时，我也将酸酵头的面粉用量和用水量计入在内，因为它们不会从主面团中消失，而是与其他部分一起被烘焙（见第 182 和 183 页）。

原料

通常情况下，请你用秤来称量原料。对于用量比较少的原料，你更应该精确地称量。当原料用量小于 5 克时，电子量勺更精确。

请你尽量直接从生产商那里购买面粉，注意要在保质期之前使用面粉，因为面粉的烘焙性能会随时间流逝而变差。

如果配方要求使用酵母，那么你最好使用鲜酵母。它比干酵母容易处理，并且不必溶于水，你只要像处理其他原料一样处理它——在和面时将其均匀地揉进面团中。

想用干酵母的话，只需用鲜酵母用量的 1/3。但是，你称量原料时会发现，如此少的干酵母几乎无法称量。通常情况下，我们只需要 0.1 克鲜酵母，换算成干酵母就是 0.03 克，因此还是使用鲜酵母更方便。

> 如果你没有厨房秤，可以采用以下方法估算：0.1 克鲜酵母与一两粒大米的大小相当。

在一些配方中，有些原料（比如麦芽）在括号中列出。麦芽能够在细微之处改善面包的品质。你也可以不使用括号中的原料，面包的品质并不会因此明显变差。

烘焙百分比

在配方中我列出了烘焙百分比，它是各原料与主面团中的面粉（包括谷物制品）用量之比。对有经验的面包师来说，这些数值是在加大或者减小配方中的原料总量时，对不同原料的用量进行换算的重要依据。此外，这些数据为配方间的相互比较提供了可能。

但在天然酵种或酵头的表格中，有两列百分比，第二列的百分比是原料与天然酵种或酵头中的面粉（包括谷物制品）用量之比。

天然酵种

出于实际操作的考虑，所有配方中的天然酵种都使用了一步制作法。使用多步制作法制作天然酵种也是可行的，这可以使面包的味道更好。从第 187 页起你可以找到相关的知识。通常，天然酵种是在厨房内（20~22℃）进行发酵的，而理想的发酵温度为 26℃。因此，面团膨胀能力变小且具有一定的酸味是不可避免的，但这并不影响你烘焙出优质的面包。

和面

面团的湿度取决于面团得率、面粉质量以及其他原料（比如酸奶、农夫奶酪、土豆等）的含水量。如果制作含水量高（面团得率大于 160）的面团，你可以在和面时先加入配方要求水量的 90%，和面过程过半后将剩下的水一点点加入，直到面团软硬适中、可以进行下一步的加工。加水时请注意，不能使面团过于柔软。和面时，你也可以用牛奶等其他液体代替水。

配方中给出的和面时间是使用厨师机和面所用的时间，你需要根据不同机器的性能调整时间。

> 不要使用家庭中常用的电动打蛋器和面，虽然这种机器能够加快和面速度，但是对面团的品质有损害。

配方一般要求先低速和面，再调至中速和面。低速指的是厨师机最低的一个挡位，可以使原料混合均匀。和面一般不需要使用比中速高的挡位，只有和柔软的小麦面团才需要高速。

如果没有厨师机，你可以用手和面（见第 214 页），这样能更好地了解面团的变化。通常来说，手工和面的时间是机器和面的时间的 2~3 倍。

> 除了机器的性能，和面时间的长短还取决于面粉的质量和其他原料的温度。因此，你需要先注意配方所要求的面团得率，而不是和面时间的长短。请尽可能地调动你的所有感官，通过闻、尝、看、摸来感受面团。

面团加工技术

本书配方经常要求你折叠面团，即在第一次发酵（也称主发酵）过程中拉伸、折叠面团，可以使面团更加紧实，便于加工，最终改善面包的品质。面团的折叠方法有许多种，你可以参考第 217 页的内容。

书中的烘焙基础知识也详细描述了将面团整为球形、橄榄形以及餐包形的方法（见第 220 页）。特殊形状面包的整形方法在相应的配方中也进行了分步骤描述。给较软的面团整形时应打湿双手，无须蘸面粉，这样面团就不会黏手，方便整形。

温度和发酵所需的时间

配方中面团温度是一个标准值，你可以通过调节水温对其调节。当面团的实际温度明显比配方中给出的温度高或者低时，你还可以相应地调节发酵时间。配方中的发酵温度是面团发酵的温度，如果厨房的温度低于配方中要求的发酵温度，则面团的发酵时间需要延长；如果高于发酵温度，则面团的发酵时间需要缩短。你应当灵活调节发酵时间。空气湿度、温度、天然酵种的活性、酶的活力、酵母活性、面粉质量和加工过程不同，发酵时间也会有所不同。你可以用手指测试法（见第 229 页）来判断面团的发酵程度。

割包

在烘焙之前，用锋利的刀或剃须刀片划开面团表面是重要的加工过程。如果配方中要求"倾斜划开"，那么划开时刀刃应与面团表面成 20°~40° 的角；如果是"垂直划开"，则刀刃垂直于面团表面划开。

水蒸气

烤箱内的水蒸气是最重要的烘焙条件之一。水蒸气能够美化面包皮并影响面包的体积。如何更好地利用水蒸气，请你参阅本书第 235 页。

配方概要

我尽可能详尽地写出了每个面包配方。但对于经验丰富的面包师或者反复按照同一配方烘焙的人，我提供的配方概要列出了烘焙中最主要的步骤和所需原料，让人一目了然。

烘焙计划

在烘焙当日，不管你想要做一个面包还是很多面包，都要好好安排时间，若使用不直接发酵的面团，前一天就应留出准备时间（准备天然酵种、酵头等）。是否制订计划并细致安排烘焙工作，取决于你对面包烘焙的喜爱程度。虽然你只要把握好面团的制作过程，不制订计划也同样能烘焙出面包，但是提前确定大致的工作流程能让你在烘焙当日节省很多时间。

提前 1~4 天熟悉面包配方，为确保按时完成，你需要倒推并算好时间。你如果想在周日中午 12 点从烤箱中取出面包，就要按照配方中给出的步骤，一步步倒推，将各步骤所需的时间记下来。为了防止因为不在家或睡过头而不能准时完成，你应该用烘焙结束时间去除全部的准备时间和制作时间得到应该开始工作的时间。

例如，你的目标是周日中午 12 点完成面包烘焙，全部的准备加工时间需 26 小时。如果这个时间对你来说没有问题，你就立刻能够从结束时间向前推。周日中午 12 点从烤箱中取出面包，烘焙需要 1 小时，那你就要在上午 11 点将面团放入烤箱。包括面团发酵在内的全部准备和制作工作需要 5 小时，那么早上 6 点你就要开始和面。如果酵头充分发酵需要 20 小时，那么周六上午 10 点你就要开始制作酵头。

如果你当天需要烘焙很多种面包，那么你最好列出一张总表，将所有的工作和完成工作的时间点都写在上面，已经完成的工作从上面划去。在表头各栏依次写上距离烘焙的时间、烘焙当日、烘焙开始时间以及烘焙结束时间，在对应的每一行内填写烘焙每种面包所需的时间和应该完成的工作。

专业术语表

窗玻璃测试

检测面团中面筋网络的形成情况，即对面团的紧实程度进行快速测试。从小麦面团中取出一小块，用手指将其拉抻为薄薄的一层膜。

单个面团重量

烘焙时面团的重量。

二次发酵

面团的最后一个发酵阶段。

发酵

面团从制作到烘焙之间的过程，包括主发酵和二次发酵。在此过程中面团内产生二氧化碳和酒精，面团膨胀。

发酵耐力

在达到或者超过最佳发酵程度后，面团仍然能保持延展性和弹性的能力。

发酵稳定性

面团包裹气体的能力。发酵稳定性好是发酵耐力持久的前提条件。

烘焙弹性

烘焙开始时，在增强的微生物活动和物理反应的作用下，使面团发生膨胀的面团特性。

接缝

和面整形后，面团的接合处。

浸泡

将水和小麦面粉在室温下混合，静置20~60分钟，以改善面团性能，缩短和面时间。

静置

主发酵和二次发酵之间，让面团进行短时间休整的阶段。

裂口

面包皮上因人为割包或意外开裂形成的开口。

面粉型号

由制作面粉的谷物及面粉中所含的矿物质（灰分）决定，比如，550号小麦面粉表示每100克该种面粉中含550毫克矿物质。

面筋

在浸泡和和面过程中形成的，由面粉中的蛋白质（麦醇溶蛋白和麦谷蛋白）生成。它有助于形成面团和面包心的结构，决定了面粉的烘焙性能。

面团得率

面团湿度的计量单位，即面团重量（面粉和液体）和面粉用量的比乘以100所得出的数值。

排气

用力、快速地按压面团，排出发酵过程中产生的气体。

上光剂

是水与淀粉或其他增亮物质的混合物，刷在面团表面或面包皮上，以增加面包的光泽度。

手指测试法

在最终发酵阶段，用手指轻轻按压面团，以快速测试其发酵程度的方法。

刷面

在烘焙前或者烘焙后，将水、上光剂或其他液体刷在面团表面或面包皮上，使面包具有明亮的表面。

水的烘焙百分比

主面团中水的用量与面粉的用量比，用百分数表示。

酸酵头

从天然酵种中预留的一块，用来制作新鲜的天然酵种。

汤种

将面粉和水或牛奶混合，加热使之黏稠，从而提高面团得率，改善面包心的口感。

喂养

将冷藏的天然酵种与水、面粉定期混合后充分发酵。

无模具烘焙

不使用模具，将面团直接放入烤箱烘焙。

戊聚糖

一种膳食纤维，在黑麦面团中吸收水分形成面团结构和面包心结构。

研磨度

表示整粒谷物中有多少成分被研磨成面粉。研磨度越小，面粉等级越低，其中的谷物外层物质含量越低。

折叠拉伸

在主发酵时拉抻面团，使面团变紧实。

整为餐包形

将小面团整为球形。

整为橄榄形

将主面团整为橄榄形。

整为球形

将主面团整为球形。

整形

对面团进行最终的塑形。

主发酵

面团的第一个发酵阶段。

初级配方

乡村面包

乡村面包是一款百搭的面包，适合搭配甜味面包抹酱、淡奶酪、香肠以及
沙拉食用。

含有斯佩尔特小麦面粉的混合面包　乡村面包制作方法简单。松软的面包心和酥脆的面包皮带来独特的口感，低温制作的斯佩尔特小麦酵头使面包具有浓郁的香气。

前期准备：	混合酵头的原料，在室温下发酵 1 小时，然后放入冰箱中（4~6℃）发酵 22~24 小时
和面：	低速和 5 分钟，中速和 8~10 分钟，直至面团光滑、紧实、有弹性
主发酵：	1 小时，24℃
整形：	排气，整为球形
二次发酵：	1.5 小时，24℃，放入发酵篮中（有接缝的一面向上）
割包：	在面团上划出约 2 厘米深的十字形切口
烘焙：	45 分钟，依次用 250℃、210℃ 和 250℃ 烘焙，需要水蒸气（有接缝的一面向下）

时间

前期准备实际耗时：	大约 15 分钟
前期准备总耗时：	大约 24 小时
烘焙当日实际耗时：	大约 45 分钟
烘焙当日总耗时：	大约 4 小时

面团信息

面团总重量：	大约 860 克
单个面团重量：	大约 860 克
面团得率：	160
面团温度：	25℃

酵头

155 克	1050 号斯佩尔特小麦面粉	30%	100%
155 克	水	30%	100%
1 克	鲜酵母	0.2%	0.6%

主面团

	酵头	
365 克	1050 号小麦面粉	70%
155 克	水	30%
8 克	活性酵母	1.5%
10 克	蜂蜜	1.9%
10 克	盐	1.9%

小贴士

如果准备酵头的时间距离烘焙当日不足22小时，你可以将盛有酵头的碗放入冰箱冷藏室的中上层（冷藏室里的温度由下至上递增）。

小贴士

如果没有发酵篮，你可以直接将整形完毕的面团放在烘焙纸上，使有接缝的一面向下。然后在面团上撒面粉，用足够大的容器或保鲜膜盖住面团，让面团发酵。

将酵头的原料放入碗中，用勺子搅拌均匀。无须使酵头外观光滑，原料混合均匀即可。

用保鲜膜或盖子将碗盖住，在室温（20~22℃）下发酵1小时，再放入冰箱中（4~6℃，如冰箱冷藏室底层）发酵22~24小时。当酵头表面冒出气泡、散发出香味的时候，发酵完成。

将主面团的原料放入厨师机中，低速和5分钟，中速和8~10分钟，和好的面团应光滑、紧实、有弹性。

让面团在24℃下密封发酵1小时。

将面团放到撒有面粉的工作台上，用力按压，使面团排出主发酵过程中产生的气体。

将面团整为球形，放在撒有面粉的发酵篮中，使有接缝的一面朝上、盖好，在24℃下发酵1.5小时。

待面团明显膨胀（体积至少变为原来的2倍），小心地从发酵篮中取出。将面团放在烘焙纸上，使有接缝的一面朝下，再将面粉均匀地撒在上面。

用锋利的刀在面团上垂直划出约2厘米深的十字形切口（左图）。

烤箱预热至250℃，将面团连同烘焙纸一起放入烤箱，制造大量水蒸气，共烘焙45分钟。烘焙10分钟后，打开烤箱门以排出水蒸气。将温度降至210℃，关上门继续烘焙。烘焙结束前10分钟，重新将温度升至250℃，并将烤箱门打开一条缝，即可烤出表皮酥脆的面包。

将面包放在冷却架上冷却。

谷物面包

谷物面包可与淡奶酪、香肠、沙拉搭配，或者直接涂抹上奶油奶酪或黄油，
味道都十分可口。

含有葵花子、南瓜子以及亚麻籽的全麦面包

这款面包含有全麦成分、果仁以及种子，面包心松软，面包皮酥脆。葵花子和南瓜子使面包有了独特的香味，这种香味在高温烘焙后愈发浓郁。为了使面包心更加柔软、有弹性，需要在和面时加入一个鸡蛋：蛋黄中的卵磷脂是一种天然乳化剂，能使面团中的脂肪达到理想的比例。

前期准备：	混合冷泡混合物的原料，发酵 6~8 小时，6~10℃
和面：	低速和 8 分钟，中速和 6 分钟，直至面团从柔软变得紧实、有黏性
主发酵：	10~12 小时，6~8℃
整形 I：	排气，整为球形
静置：	30 分钟，24℃
整形 II：	整为橄榄形，整为开口笑面包的形状
二次发酵：	75 分钟，24℃，放入发酵篮中（有接缝的一面朝上）
烘焙：	50 分钟，依次用 250℃、220℃和 250℃烘焙，需要水蒸气（有接缝的一面朝下）

时间

前期准备实际耗时：	大约 30 分钟
前期准备总耗时：	大约 20 小时
烘焙当日实际耗时：	大约 30 分钟
烘焙当日总耗时：	大约 3.5 小时

信息

面团总重量：	大约 1150 克
单个面团重量：	大约 1150 克
面团得率：	188
面团温度：	24℃

冷泡混合物

75 克	燕麦片	15.5%
70 克	亚麻籽	14.5%
50 克	葵花子	10%
50 克	南瓜子	10%
45 克	硬麦粉	9.5%
10 克	盐	2%
310 克	水	65%

主面团

	冷泡混合物	
160 克	550 号小麦面粉	33.5%
170 克	全麦面粉	33.5%
30 克	全黑麦面粉	6%
90 克	水	19%
8 克	鲜酵母	1.7%
50 克	鸡蛋（大约一个）	10%
20 克	植物油	4%

将冷泡混合物的原料放入碗中混合均匀，用保鲜膜或盖子将碗盖住，在6~10℃的温度下（放入冰箱冷藏室中）发酵6~8小时。

将主面团的原料放入厨师机中，低速和8分钟，中速和6分钟，直到主面团相对柔软、有弹性。和好的面团能够与搅拌缸壁分离，但仍有部分粘在搅拌缸底。

将面团放入一个大碗中，盖好，放入冰箱中，在6~8℃的温度下（冰箱冷藏室中下层）发酵10~12小时。

将面团放到撒有面粉的工作台上，快速按压，使面团排出发酵过程中产生的气体。

将面团整为球形，紧接着放在发酵布上或碗中，用保鲜膜盖住，在24℃下发酵30分钟。

将面团放在撒有面粉的工作台上，整为橄榄形，使有接缝的一面朝下。沿着面团的纵向中心线撒上面粉，用直径2~3厘米的擀面杖按压面团，直至面团中间只有几毫米厚。双手拿起仍然连在一起的面团，将其放在撒有面粉的发酵篮中，将面团按压过的一面朝下，有接缝的一面朝上（见右图）。

盖住发酵篮，在约24℃下发酵75分钟，直至面团体积变为原来的2倍。

在烘焙前，将面团放在烘焙纸或撒有粗粒小麦面粉的比萨板上，使按压过的一面朝上，现在按压的痕迹变成面团正中的一条细缝了。

烤箱预热至250℃，将面团放入烤箱，制造大量水蒸气，共烘焙50分钟，至面包呈深棕色。烘焙10分钟后，打开烤箱门以排出水蒸气。将温度降至220℃，关上门继续烘焙。烘焙结束前5~8分钟将温度升至250℃，将烤箱门打开一条缝，即可烤出表皮酥脆的面包。

将面包放在冷却架上，在室温下冷却。

小贴士

为了使面包的香味更加浓郁，你可以将南瓜子和葵花子先放在平底锅中烘烤。

小贴士

你不用担心面团会过于柔软。在冰箱中发酵后，冷泡混合物和全麦面粉都会吸收水分。

小麦混合面包 I 号

　　小麦混合面包是一款理想的日常面包，无论是涂抹面包抹酱或黄油，还是作为其他菜品的搭配都非常好吃。浅色、松软、散发出柔和香味的面包心与酥脆的面包皮是该款面包的标志。

含有全麦成分和香醋的小麦混合面包

要想做出含有较多黑麦面粉的优质混合面包，要用到天然酵种。为了使黑麦易于消化，面团必须进行酸化，一般情况下是通过加入含有乳酸菌和醋酸菌的天然酵种来达到这一目的。制作这款面包时，你可以用醋代替天然酵种。由于这款面包中黑麦面粉只占面粉用量的25%，酸醋足够对付这些黑麦面粉了。你可以用不同的醋，来改变小麦混合面包的口感和颜色。糖能够促进面团的主发酵，它能直接将酵母转化为二氧化碳和酒精；全麦成分则提高了面团的矿物质含量；而酵头最终决定了面包的口感。

前期准备：	混合酵头的原料，在室温（20~22℃）下发酵12小时
和面：	低速和8分钟，中速和3分钟，直至面团紧实、有弹性、不黏手
主发酵：	1.5小时，24℃，每30分钟折叠一次
整形：	整为橄榄形，整为开口笑面包的形状
二次发酵：	30分钟，24℃，放在发酵布上或发酵篮中（有接缝的一面朝上）
烘焙：	50分钟，依次用250℃、210℃和250℃烘焙，需要水蒸气（有接缝的一面朝下）

时间

前期准备实际耗时：	大约10分钟
前期准备总耗时：	大约12小时
烘焙当日实际耗时：	大约30分钟
烘焙当日总耗时：	大约3.5小时

面团信息

面团总重量：	大约850克
单个面团重量：	大约850克
面团得率：	163
面团温度：	26℃

酵头

180 克	全麦面粉	35.5%	100%
145 克	水	29%	80.5%
0.7 克	鲜酵母	0.1%	0.4%

主面团

酵头		
200 克	1050号小麦面粉	39.5%

125 克	1150号黑麦面粉	25%
150 克	水	30%
6 克	鲜酵母	1.2%
10 克	盐	2%
25 克	意大利黑香醋	5%
2 克	糖	0.4%
（5 克	液态大麦麦芽）	（1%）

用勺子将酵头的原料混合均匀，使其有黏性、略紧实，在室温下发酵 12 小时。充分发酵后，酵头结构呈松散的蜂巢状，散发出香味。

将主面团的原料放入厨师机中，低速和 8 分钟，中速和 3 分钟。和好的面团略带黏性，能够与搅拌缸壁分离。面团略带酸味、湿润、紧实、有光泽。

将面团放入一个大碗中，在 24℃下密封发酵 1.5 小时。分别在 30 分钟和 1 小时后，将面团放在撒有面粉的工作台上折叠一次，之后再次放回碗中。

将面团整为橄榄形，注意必须对其充分排气，使气孔更加均匀。沿着面团的纵向中心线撒上面粉，用擀面杖按压面团，直至面团中间只有几毫米厚，但面团两部分仍然相连。将面团放在发酵布上或撒有面粉的发酵篮中，使按压过的一面朝下，在 24℃下发酵 30 分钟（见左图）。

将面团放在烘焙纸或撒有粗粒小麦面粉的比萨板上，使有接缝的一面朝下（按压过的一面朝上），用手扫去多余的面粉。

烤箱预热至 250℃，制造水蒸气，共烘焙 50 分钟，直至面包皮呈深棕色。烘焙 10 分钟后，打开烤箱门以排出水蒸气。将温度降至 210℃，关上门继续烘焙。烘焙结束前 5 分钟，将温度升至 250℃，将烤箱门打开一条缝，即可烤出表皮酥脆的面包。

将面包放在冷却架上冷却。

酪乳白面包

由于加入了粗磨谷粒和燕麦，这款面包不仅和传统的白面包一样适合搭配
甜味面包抹酱或淡奶酪，而且与香肠搭配食用同样可口。

含有酪乳、燕麦和粗磨小麦谷粒的白面包	低等级面粉的矿物质含量较低,使面包心呈现乳白色,白面包因此而得名。拥有浅色松软面包心的白面包看上去营养丰富，但实际上其所含的营养成分较低。因此，这个配方中加入了燕麦和粗磨小麦谷粒，它们能使面包的口感更好，而加入的酪乳能使面包心更加松软。 因为没有使用酵头制作面团，白面包的保质期不长，所以最好在1~3天吃完。之后，它就会变得越来越硬，如果烤一烤，口感会变好。

和面：	低速和 5 分钟，中速和 10 分钟，直至面团紧实、有弹性
主发酵：	1 小时，24℃
整形：	排气，整为法式短棍面包的形状
二次发酵：	45 分钟，24℃，放在烘焙纸或发酵布上
割包：	划出两道 2 厘米深的切口
烘焙：	50 分钟，依次用 250℃和 190℃烘焙，需要水蒸气，出炉后用热水刷面

时间

前期准备实际耗时：	无
前期准备总耗时：	无
烘焙当日实际耗时：	大约 30 分钟
烘焙当日总耗时：	大约 3 小时

面团信息

面团总重量：	大约 1060 克
单个面团重量：	大约 1060 克
面团得率：	170
面团温度：	27℃

主面团

500 克	550 号小麦面粉	83%	15 克	鲜酵母	2.5%
50 克	粗磨小麦谷粒	8.5%	12 克	盐	2%
50 克	燕麦面粉	8.5%	10 克	糖	6%
420 克	酪乳（脂肪含量 1%）	70%			

　　将主面团的原料放入厨师机中，低速和 5 分钟，中速和 10 分钟。和好的面团能够与搅拌缸壁分离，紧实、有弹性、不黏手。

　　将面团在 24℃下密封发酵 1 小时。

　　面团发酵后，快速按压面团，排气。再将面团整为法式短棍面包的形状。

　　将面团放在烘焙纸或未撒面粉的发酵布上，使有接缝的一面朝下。用保鲜膜或者大的容器盖住面团，使其在 24℃下密封发酵 45 分钟。

　　用锋利的刀倾斜划出两道斜向切口。切口互相平行，在面团中部重叠，重叠部分为切口长度的 1/3（见右图）。

　　烤箱预热至 250℃，制造水蒸气，共烘焙 50 分钟。烘焙 10 分钟后，打开烤箱门以排出水蒸气。将温度降至 190℃，关上门继续烘焙。在烘焙结束前 5~8 分钟，将烤箱门打开一条缝，即可烤出表皮酥脆的面包。面包出炉后在其表面刷或喷热水。

　　将白面包放在冷却架上至完全冷却。

吐司面包

吐司面包很适合搭配甜味面包抹酱，是制作三明治的理想面包，也是沙拉与烤肉的绝佳伴侣。

含有全谷物的小麦面包	吐司面包的制作方法简单。吐司面包经过烤面包机或平底锅的烘烤后，拥有了独特的口感和柔韧性。但我认为，好的吐司面包即使不经过烘烤也非常可口。为了让面包的味道更加浓郁，我在这个配方中加入了全麦面粉。奶油和黄油使面包心更加松软——这是吐司面包必备的特点。盐和酵母不仅能改善面包心的结构，也使得面团更易加工。
前期准备：	将酵母和盐溶于水中，盖住，放入冰箱冷藏 4~12 小时
和面：	低速和 5 分钟（不加入黄油），中速和 10 分钟，中速和 5 分钟（加入黄油），直至面团紧实、有弹性、光滑
主发酵：	1.5 小时，24℃，发酵 45 分钟后折叠一次面团
整形：	排气，整为球形，静置 15 分钟，再搓为长条（40 厘米），平均分成 4 个小面团，并排放入吐司模中
二次发酵：	1.5 小时，24℃
烘焙：	40 分钟，依次用 250℃和 200℃烘焙，需要水蒸气，出炉后用热水刷面

时间

前期准备实际耗时：	5 分钟
前期准备总耗时：	12 小时
烘焙当日实际耗时：	大约 1 小时
烘焙当日总耗时：	大约 4.5 小时

面团信息

面团总重量：	大约 670 克
单个面团重量：	大约 670 克
面团得率（理论值）：	171
面团温度：	27℃

盐－酵母溶液

10 克	鲜酵母	2.7%
7 克	盐	1.9%
70 克	水	19%

主面团

	盐－酵母溶液	
215 克	550 号小麦面粉	59%
150 克	全麦面粉	41%
170 克	水	47%
20 克	甜奶油	5.5%
10 克	糖	2.7%
20 克	黄油	5.5%

小贴士

将面团分成小面团烘焙是为了防止烘焙时面团向中心收缩变形，你也可以将大面团平均分成10个小面团，整为餐包形，在吐司模中摆成两排（每排5个）。还有一种方法是将面团整为等长的两根长条，再将两根长条拧在一起，放入吐司模中。

小贴士

如果你的吐司模与配方中的吐司模大小不一致，那么你需要改变烘焙时间。主面团每多100克，烘焙时间需要延长2~3分钟；每少100克，烘焙时间则缩短2~3分钟。

用70克水化开鲜酵母和盐，将盐－酵母溶液放入冰箱中冷藏4~12小时。

将除黄油外的主面团原料放入厨师机中，低速和5分钟，中速和10分钟，直至主面团紧实、有弹性。再将黄油加入面团中，中速和5分钟。和好的面团能够与搅拌缸壁分离，不黏手，表面光滑有光泽。

将面团在24℃下密封发酵1.5小时，发酵45分钟后折叠一次。

当面团发酵完成后，按压面团，排出发酵中生成的二氧化碳，使面团温度均匀。将面团整为球形。

将面团盖好静置15分钟。

在面团静置期间，将黄油或油抹在吐司模中，并在吐司模中撒上薄薄的一层面粉，也可以在模具内铺上一张烘焙纸。

将面团搓成长40厘米的长条，用刀将其分割成4个10厘米长的小面团，切面朝外（紧贴吐司模的长边），并排放入吐司模中。

将面团密封，在24℃下发酵1.5小时。发酵完成后，面团至少膨胀至模具的边缘。

烤箱预热至250℃，制造水蒸气，共烘焙30分钟。烘焙10分钟后，打开烤箱门以排出水蒸气。将温度降至200℃，关上门继续烘焙10分钟。

将吐司脱模，在200℃下无模具烘焙10分钟。最后在刚出炉的吐司皮上刷上水，使其表皮略有光泽。

将吐司放在冷却架上至完全冷却。

将烘焙纸裁成合适的大小

小贴士

　　烘焙纸通常会在面包上留下不美观的痕迹，为了避免出现这种情况，你可以依照长方形吐司模的大小裁剪烘焙纸。将吐司模放在烘焙纸上，用铅笔沿着吐司模的底部边缘画出轮廓。然后，用同样的方法分别画出吐司模四个侧面的轮廓。画好之后，按铅笔线裁剪烘焙纸，将烘焙纸放在吐司模中，有铅笔线的一面朝下。

小贴士

　　配方中的吐司模大小为22厘米 X 10厘米 X 9 厘米，如果你想使用其他大小的吐司模，可以按照以下步骤计算原料用量。

1. 量出吐司模的长、宽、高
   （例：长10厘米，宽 30厘米，高10厘米）

2. 计算吐司模的体积
   （例：10厘米 x 30厘米 x 10厘米 =3000厘米³ ）

3. 面包的密度约为0.33克/厘米³，用密度乘以体积计算出面包的重量
   （例：0.33 克/厘米³ x3000厘米³ = 990 克）

4. 理想的面包重量（M）与实际的面包重量（N）的比例（V）
   （例：V = M/N = 990克/672克= 1.47 ）

5. 用比例V可以计算出原料的实际用量
   （例：215克x1.47= 316克550号小麦面粉）

扁面包

扁面包适合搭配地中海风味的菜肴，以及在烧烤聚会上搭配沙拉或者用来夹土耳其烤肉。

含有橄榄油和芝麻的小麦面包

扁面包是典型的原始面包——扁平状的面包是最早出现的面包之一，直到今天，它在许多文化中还被当作主食。通常来说，制作扁面包面团时不使用膨胀剂，只使用水和面粉。这种面团中通常无法生成面筋网络，因此做出的面包必然呈扁平状。

在德国，使用小麦面粉和酵母制作的扁面包最先在土耳其风味和希腊风味的饭店中流行起来。这款面包的特点是面包心柔软、有弹性，有不规则的气孔；面包皮上的芝麻或草籽经过烘烤散发出类似坚果的香味。

和面：	低速和 5 分钟，中速和 8 分钟，直至面团柔软、延展性好、有弹性
主发酵：	1 小时，20℃；24 小时，6℃
整形 I：	整为球形，静置 15 分钟，拉抻为饼状（直径约 25 厘米）
二次发酵：	1 小时，24℃
整形 II：	用手指按压面团，刷上牛奶，撒上芝麻
烘焙：	20~25 分钟，220℃，需要水蒸气

时间

前期准备实际耗时：	大约 30 分钟
前期准备总耗时：	大约 25 小时
烘焙当日实际耗时：	大约 30 分钟
烘焙当日总耗时：	大约 1.5 小时

面团信息

面团总重量：	大约 570 克
单个面团重量：	大约 570 克
面团得率（理论值）：	174
面团温度：	20℃

主面团

255 克	550 号小麦面粉	80%
65 克	1050 号小麦面粉	20%
150 克	水	47%
80 克	牛奶（脂肪含量 3.5%）	25%
4 克	鲜酵母	1.3%
5 克	糖	1.6%
7 克	盐	2.2%
6 克	橄榄油	1.9%

用于撒在表面的黑芝麻（可使用小茴香或者黑色草籽代替）

小贴士

如果你想提高面包的营养价值，可以将原料中1/4或者1/3的面粉换成全麦面粉。但是，全麦面粉会吸收更多的水分，因此全麦面粉每增加100克，水就要增加10~15克。

将主面团的原料放入厨师机的搅拌缸中，低速和5分钟，这时面团已成形，但部分仍粘在缸底和缸壁。调至中速和8分钟。和好的面团柔软、略带黏性，能够自动与搅拌缸壁分离，部分仍会粘在缸底。

将面团在室温（约20℃）下密封发酵1小时，再放入冰箱冷藏室最底层（约6℃）发酵24小时。发酵完成后，面团体积变为原来的2倍左右。

用面团刮板小心地将面团取出，放在撒有面粉的工作台上，整为球形。注意，整形时不加面粉，气孔中的大部分气体仍然留在面团中。

往面团上撒上面粉，用发酵布或保鲜膜盖住，静置15分钟。

双手蘸上面粉，小心地将面团拉抻成直径约25厘米，厚5~10毫米的饼状，注意不要过分拉面团。将面团放在烘焙纸或者撒有面粉的比萨板上，用保鲜膜或大的容器盖住，在24℃下发酵1小时。

用手指在面团表面压出小坑，将牛奶刷在面团表面。

将芝麻或草籽撒到面团上，立即将面团放入预热至220℃的烤箱中，制造水蒸气，共烘焙20~25分钟。烘焙10分钟后，打开烤箱门以排出水蒸气。关上门继续烘焙。在烘焙结束前5分钟，将烤箱门打开一条缝，即可烤出表皮酥脆的面包。

食用前，将扁面包放在冷却架上冷却，也可温热食用。

瑞士面包

瑞士面包拥有酥脆的面包皮和柔软、轻盈、富含纤维的面包心。较高的盐含量和特定的酵头，使面包拥有了柔和的口感。

含有油脂的小麦面包　瑞士人和德国人一样，都将长面包作为传统面包。但在瑞士，人们多用浅色的面粉进行烘焙，每个州的面包都有各自的特点。这款面包便是源自瑞士提契诺州的一种白面包，它最突出的特点是形状：由小圆面包组成，不用刀即可分开。以前这种白面包重达几千克，现在通常可以用一只手拿起，单个小面包的重量不超过 250 克，当然还可以做得更小。

瑞士的面粉种类与德国的不同，制作这种面包最好使用瑞士半白面粉，研磨度为 75%，矿物质含量为 0.75%。因为德国不生产这种面粉，所以推荐你使用 812 号小麦面粉，或者使用中筋和高筋混合面粉。

前期准备：　混合意式酵头的原料，放在室温（20~22℃）下发酵 16 小时

和面：　低速和 5 分钟（不加橄榄油和盐），中速和 5 分钟，中速再和 5 分钟（加入橄榄油和盐），直至面团紧实、有弹性、不黏手

主发酵：　1 小时，24℃，发酵 30 分钟后折叠一次面团

整形：　将大面团平均分成 6 个小面团，整为餐包形后再搓长，每个面团间隔 5 毫米摆放

二次发酵：　45 分钟，24℃

烘焙：　20 分钟，依次用 230℃和 200℃烘焙，需要水蒸气

时间		面团信息	
前期准备实际耗时：	大约 10 分钟	面团总重量：	大约 470 克
前期准备总耗时：	大约 16 小时	单个面团重量：	大约 80 克（470 克）
烘焙当日实际耗时：	大约 45 分钟	面团得率（理论值）：	156
烘焙当日总耗时：	大约 3 小时	面团温度：	27℃

意式酵头

65 克	1050 号小麦面粉	22%	50%
65 克	550 号小麦面粉	22%	50%
0.5 克	鲜酵母	0.2%	0.4%
60 克	水	20%	46%

主面团

意式酵头

90 克	1050 号小麦面粉	31%
75 克	550 号小麦面粉	25%
4 克	鲜酵母	1.4%
85 克	水	29%
20 克	橄榄油	7%
9 克	盐	3%

用勺子将酵头的原料搅拌均匀，使酵头变得紧实、均匀。将酵头放在室温（20~22℃）下密封发酵 16 小时。发酵完成后，酵头变得紧实，体积为原来的 2 倍。

将除橄榄油和盐外的主面团原料放入厨师机中，低速和 5 分钟，中速和 5 分钟，直到面团变得紧实。放入橄榄油和盐，中速和 5 分钟，面团变得紧实、不黏手、有弹性。

盖住面团，在大约 24℃下发酵 1 小时。发酵 30 分钟后，折叠一次面团。

将大面团分成 6 个重约为 80 克的小面团，整为餐包形，盖住静置 10 分钟。

轻轻将小面团搓长，放在烘焙纸上，每个面团长边相邻，相距约 5 毫米。

盖住面团，在大约 24℃下发酵 45 分钟。面团膨胀后会相互连接，之间不再有空隙。

用锋利的刀在连在一起的小面团上垂直划出 1.5~2 厘米深的切口（见右图）。

在预热至 230℃的烤箱中，制造水蒸气，共烘焙 20 分钟。烘焙 10 分钟后，打开烤箱门以排出水蒸气。将温度降至 200℃，关上门继续烘焙。在烘焙结束前 5 分钟，将烤箱门打开一条缝——干燥的环境才能烤出酥脆的面包皮。

面包出炉后用水刷面，面包皮会变得富有光泽。

将面包放在冷却架上冷却。

小贴士

如果不在面包出炉后用水刷面，你也可以在面团烘焙前，最好是在最后发酵前和发酵后，用蛋液给面团刷面。这会赋予面包漂亮且令人食欲大开的光泽。

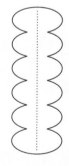

三角小面包

烘烤过的南瓜子和葵花子使三角小面包变得非常可口，而粗磨小麦谷粒使这款面包更有益于健康。它更适合早餐食用。

含有粗磨小麦谷粒、南瓜子和葵花子的混合面包

新鲜的早餐面包能为周末增添一丝乐趣。如果你周末想多睡一会儿，怎样才能合理安排时间，烘焙出新鲜的面包呢？答案非常简单：使用隔夜发酵法。烘焙前一晚，使用少量酵母和好面团，将面团放入冰箱冷藏室中发酵，早晨再分割面团、烘焙，这样面包很快就能出炉。这种方法既能节省时间，还能令烤出的面包更香（因为面团经过了长时间的低温发酵）。

和面：	低速和 10 分钟（不加南瓜子和葵花子），中速和 5 分钟，低速和 1 分钟（加入南瓜子和葵花子），直到面团略带黏性、湿润、紧实
主发酵：	30 分钟，24℃；15 小时，6℃
分割、整形：	拉抻面团，平分成 8 个三角形的小面团，蘸水，滚上粗磨小麦谷粒
二次发酵：	30 分钟，24℃
割包：	沿三角形中线划一道切口
烘焙：	230℃，20 分钟，需要水蒸气

时间

前期准备实际耗时：	大约 30 分钟
前期准备总耗时：	大约 16 小时
烘焙当日实际耗时：	大约 30 分钟
烘焙当日总耗时：	大约 1 小时

面团信息

面团总重量：	大约 825 克
单个面团重量：	大约 100 克
面团得率：	167
面团温度：	20℃

主面团

50 克	南瓜子	12%
50 克	葵花子	12%
250 克	550 号小麦面粉	59%
50 克	1150 号黑麦面粉	12%
120 克	粗磨小麦谷粒（中等颗粒）	29%
280 克	水	67%

4 克	鲜酵母	1%
10 克	盐	2.4%
8 克	猪油（可用黄油代替）	1.9%
（5 克	有活力的烘焙麦芽）	1.2%

另取一些粗磨小麦谷粒用于滚在面团上

小贴士

　　研磨度不同，粗磨小麦谷粒的颗粒大小也不同，面包皮的口感也会随之变化。所以，虽然使用同样的配方，你仍能制作出口感不同的面包。

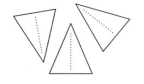

将南瓜子和葵花子放在平底锅中烘烤（无须用油），冷却。

将除南瓜子和葵花子外的主面团原料放入厨师机中，低速10分钟，再用中速和5分钟，直到面团变得柔软、黏手。和好的面团应该仍然有一部分粘在搅拌缸底部。在发酵过程中，粗磨小麦粒会吸收多余的水分，使面团湿度适中，便于加工。最后加入南瓜子和葵花子，低速和1分钟。

在大约24℃下，将面团密封发酵30分钟，再在大约6℃下（如冰箱冷藏室最底层）发酵15小时。

在撒有面粉的工作台上小心地折叠面团，再用手将其拉抻至1.5~2厘米厚，用面团刮板分割出8个三角形的小面团。

在两个碗中分别放入水和粗磨小麦谷粒，将面团的一面先蘸水，然后滚上粗磨小麦谷粒，有小麦谷粒的一面向上放在烘焙纸上。

将面团盖住，在24℃下发酵30分钟。

用锋利的刀沿三角形底边的中线垂直划出大约5毫米深的切口（见左图）。

烤箱预热至230℃，制造水蒸气，共烘焙20分钟，直至面包变为浅棕色。烘焙10分钟后，打开烤箱门以排出水蒸气，关上门继续烘焙。在烘焙结束前5分钟，将烤箱门打开一条缝，即可烤出表皮酥脆的面包。

将面包放在冷却架上冷却，最好在温热时食用。

早餐包

早餐包因为酥脆的面包皮和松软的面包心而深受人们喜爱。它既适合涂抹甜味面包抹酱食用，也适合搭配菜肴。

含有杜兰小麦面粉和橄榄油的小麦混合面包

长时间的低温发酵使你在保证充足睡眠的情况下，能在第二天早晨制作出新鲜的面包。提前一晚将面团放入冰箱，低温发酵 12 小时，第二天早晨你只要用 20 分钟就能制作出可口的早餐面包。在冰箱中长时间发酵使得面团具有柔和的香气，黑麦面粉增加了面包的酸味和嚼劲，杜兰小麦面粉、橄榄油和牛奶使得面包心变得松软可口。

和面：	低速和 10 分钟，中速和 5 分钟，直到面团紧实、略黏
主发酵：	12 小时，6~8℃
整形：	平分成 8 个小面团，卷成圆柱体，均匀地滚上全黑麦面粉
二次发酵：	45 分钟（有接缝的一面朝下），22℃
烘焙：	20 分钟，230℃，需要水蒸气（有接缝的一面朝上）

时间

前期准备实际耗时：	大约 20 分钟
前期准备总耗时：	大约 12.5 小时
烘焙当日实际耗时：	大约 20 分钟
烘焙当日总耗时：	大约 1.5 小时

面团信息

面团总重量：	大约 710 克
单个面团重量：	大约 90 克
面团得率（理论值）：	179
面团温度：	20℃

主面团

180 克	550 号小麦面粉	46%
100 克	杜兰小麦面粉	26%
110 克	1150 号高筋黑麦面粉	28%
150 克	水	38%
150 克	牛奶	38%

4 克	鲜酵母	1%
8 克	盐	2%
8 克	橄榄油	2%

另取一些全黑麦面粉用于滚在面团上

将所有原料放入厨师机中，低速和 10 分钟，中速和 5 分钟，直至面团变得紧实、略黏。和好的面团能够完全与搅拌缸底分离。

将面团放入一个大碗中，在 6~8℃的温度（如冰箱冷藏室最底层）下，密封发酵 12 小时。发酵好的面团体积明显变大。

将面团取出放在撒有面粉的工作台上，平均分割成 8 份。将小面团拉长，用指尖将面团距身体较远的一端卷起、按实接缝，再卷起、按实接缝，直到将小面团卷为一个圆柱体（见右图）。在此过程中要注意，尽可能避免气体从面团中逸出。小面团的气孔越大，制作所需的时间越长。

将小面团滚上全黑麦面粉，放在发酵布（或烘焙纸）上，使有接缝的一面朝下，盖好，在 22℃下发酵 45 分钟。

翻转面团（有接缝的一面朝上），放在烘焙纸或比萨板上。

烤箱预热至 230℃，制造水蒸气，共烘焙 20 分钟，直至面包呈浅棕色或棕色。烘焙 10 分钟后，打开烤箱门以排出水蒸气，关上门继续烘焙。在烘焙结束前 5 分钟，将烤箱门打开一条缝，即可烤出表皮酥脆的面包。

食用前，将面包放在冷却架上冷却。

步骤 1

将小面团放在工作台上，用十指指尖将面团距身体较远的一端向身体方向卷，然后将接缝按压紧实。

步骤 2

继续将面团距身体较远的一端（上一步形成的边缘）卷起，按实接缝。重复该步骤，直至面团全部卷起。

土豆小面包

土豆小面包有着淡淡的土豆香味，面包心松软。面团中加入的全麦面粉使
面包更有嚼劲。

含有橄榄油和全谷物的小麦混合面包

面团中的土豆带来了很多益处。土豆中的水分使面团更加湿润，植物块茎
中丰富的淀粉给酵母菌提供了营养基础。土豆还能使面包皮更酥脆并呈鲜
亮的黄棕色，面包心散发出独特的清香，并长时间保持柔软和新鲜。

在这个配方中我使用了长时间低温发酵法，使面团结构更有层次、烤出的
面包更香。这个配方也节省了烘焙当日的时间，让新鲜的面包在早餐时出
炉成为可能。

前期准备：	土豆煮熟、去皮、晾凉、压碎
和面：	低速和 10 分钟（面团前期干，后期湿，紧实度适中，有弹性/膨松）
主发酵：	9 小时，6℃
分割、整形：	排气，平分成 8 个小面团，整为餐包形，滚上全黑麦面粉
二次发酵：	1 小时，24℃
割包：	沿小面团直径划出 1 厘米深的长切口
烘焙：	20 分钟，依次用 230℃和 200℃烘焙，需要水蒸气

时间

前期准备实际耗时：	大约 30 分钟
前期准备总耗时：	大约 10 小时
烘焙当日实际耗时：	大约 30 分钟
烘焙当日总耗时：	大约 2 小时

面团信息

面团总重量：	大约 810 克
单个面团重量：	大约 100 克
面团得率（理论值）：	121
面团温度：	20℃

主面团

10 克	盐	2.9%
15 克	橄榄油	4.3%
450 克	生土豆（365 克已煮熟去皮的土豆）	59%
140 克	全黑麦面粉	40%

210 克	550 号小麦面粉	60%
60 克	水	17%
10 克	鲜酵母	2.9%

另取一些全黑麦面粉用于滚在面团上

小贴士

土豆的品种会影响面团的含水量，进而影响土豆小面包的口感。使用含水量高的土豆，做出的面团更柔软。此时，加入面团的水要比配方中要求的少20～30克。和面2分钟后，你就能知道面团的湿度了。如果面团过于紧实，你可以将剩下的水一点点地加入，直到面团湿度适中，几乎不黏手。

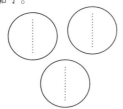

小贴士

将煮熟的土豆放到平底锅或烤箱中烘烤后，再和入面团中，制作出的面包口感会有所不同。和面之前，烘烤过的土豆应完全晾凉。烘烤过的土豆含水量低，所以应在和面过程中相应地多加些水。和面3～5分钟后，在过于紧实的面团中一点点地加入水，直到制作出理想的面团。

土豆煮熟、去皮、晾凉，用叉子压碎，加入盐和橄榄油混合均匀。将土豆与主面团的其他原料一起放入厨师机中，低速和10分钟。在刚开始加工时，面团比较干，2分钟之后，因为土豆中含有水分，面团逐渐变得湿润。和好的面团部分粘在搅拌缸底部，紧实、有弹性、不黏手。

将面团放入一个大碗中，在大约6℃下下（如冰箱冷藏室底层）下，密封发酵9小时。发酵完成后，面团的体积明显变大。

将面团从冰箱中取出，用力按压面团，排气。

用面团刮板将面团平均分成8个小面团，放在撒有面粉的工作台上，整为餐包形。将小面团放在全黑麦面粉中滚几下，使其均匀沾上面粉。将面团放在烘焙纸上，使有接缝的一面朝下，盖上发酵布或者保鲜膜，在24℃下发酵1小时。

用锋利的刀沿着小面团直径垂直划出约1厘米深的切口（见左图）。

烤箱预热至230℃，制造水蒸气，共烘焙20分钟。烘焙10分钟后，打开烤箱门以排出水蒸气。将温度降至200℃，关上门继续烘焙。在烘焙结束前5分钟，将烤箱门打开一条缝，即可烤出表皮酥脆的面包。

将土豆小面包放在冷却架上冷却。

鞋匠餐包

这款小面包的面包心松软、布满均匀的气孔，面包皮薄而脆。它尝起来像
混合面包：微酸又香甜，很适合搭配味道浓郁的菜品或面包抹酱。

黑麦混合小面包　被冠以"鞋匠餐包"这一名字的黑麦混合小面包在德国很有名。因其起源于柏林，人们经常称其为"柏林鞋匠餐包"，许多面包爱好者也称其为"柏林咸蛋糕"。在制作过程中，面团采用直接发酵法，不使用酵头，只有预留的一小块黑麦酸酵头给面包带来微酸的香气，并且让面包更易消化，同时这种做法还节省了酵母。但是，酸酵头的发酵效果一定不如新鲜的天然酵种。

含有一大半黑麦面粉的面团不需要用力和，因为其中的小麦面粉和水混合会吸收大量的水分。这促进了面筋网络的生成和面包口感的改善，并且缩短了和面时间。

浸泡：	小麦面粉和水混合均匀，静置 30 分钟
和面：	低速和 8 分钟，中速和 2 分钟，直到面团湿润、紧实、微黏
主发酵：	30 分钟，24℃。
分割整形：	排气，将面团平均分成 8 份，整为餐包形，滚上全黑麦面粉
二次发酵：	1.5 小时，24℃，放在发酵布上（有接缝的一面朝上）
烘焙：	20 分钟，依次用 250℃和 230℃烘焙，需要水蒸气（有接缝的一面朝下）

时间

前期准备实际耗时：	无
前期准备总耗时：	无
烘焙当日实际耗时：	大约 30 分钟
烘焙当日总耗时：	大约 3.5 小时

面团信息

面团总重量：	大约 800 克
单个面团重量：	大约 100 克
面团得率（理论值）：	166
面团温度：	27℃

浸泡面团

230 克	550 号小麦面粉	48.5%
150 克	水	32%

主面团

	浸泡面团	
230 克	1050 号小麦面粉	48.5%
25 克	黑麦酸酵头（面团得率为 100%）	5.3%
150 克	水	32%
5 克	鲜酵母	1%
9 克	盐	1.9%

将浸泡面团的原料混合均匀，揉成中等紧实度的面团，注意不能出现面粉块，盖住，静置 30 分钟（浸泡）。

将主面团的所有原料放入厨师机中，低速和 8 分钟、中速和 2 分钟，面团变得紧实，但湿润、微黏、柔软，能够与搅拌缸壁分离。

将面团盖住，在 24℃下密封发酵 30 分钟。

将面团放在撒有面粉的工作台上，双手快速按压、排气，然后用面包刮板将面团平均分成 8 份。将小面团整为餐包形，再滚上黑麦面粉，放在发酵布上，使有接缝的一面朝上。在 24℃下发酵 1.5 小时。面团几乎达到充分发酵的程度。

用一只手将面团从发酵布上小心取下，再将其翻面，使有接缝的一面朝下，放到烘焙纸或者撒有粗粒小麦面粉的比萨板上。

烤箱预热至 250℃，制造水蒸气，共烘焙 20 分钟。烘焙 10 分钟后，打开烤箱门以排出水蒸气。将温度降至 230℃，关上门继续烘焙。烘焙结束前 5 分钟，将烤箱门打开一条缝，即可烤出表皮酥脆的面包。

将鞋匠餐包放在冷却架上至完全冷却。

中级配方

小麦混合面包 II 号

混合面包是面包店中的必备产品，这款面包也有很大可能成为你个人经常烘焙的面包。因为加入了调味料，面包吃起来很香，还可以和很多菜品搭配。

含有全麦成分的小麦混合面包	由于面团中含有黑麦面粉，和面时必须要小心。为了给小麦中的蛋白质足够的时间来生成对面包心尤为重要的面筋网络，使面包口感更好，应该先混合小麦面粉和水（浸泡），再加入主面团的其他原料。 这款面包的面团在烤箱内会充分膨胀，因此面团上的两道切口会合成一道大裂口。
前期准备：	混合黑麦天然酵种的原料，室温（20~22℃）下发酵 18 小时
浸泡：	小麦面粉和水混合，静置 30 分钟
和面：	低速和 8 分钟，中速和 2 分钟，直到面团紧实程度适中、不黏手
主发酵：	1 小时，24℃
整形：	整为橄榄形
二次发酵：	45 分钟，24℃，放入发酵篮中（有接缝的一面朝上）
割包：	划出两道斜向切口
烘焙：	45 分钟，依次用 250℃和 220℃烘焙，需要水蒸气（有接缝的一面朝下）

时间

前期准备实际耗时：	大约 10 分钟
前期准备总耗时：	大约 18 小时
烘焙当日实际耗时：	大约 30 分钟
烘焙当日总耗时：	大约 4 小时

黑麦天然酵种

30 克	全黑麦面粉	6%	100%
50 克	水	10%	167%
5 克	黑麦酸酵头	1%	16.7%

面团信息

面团总重量：	大约 830 克
单个面团重量：	大约 830 克
面团得率（理论值）：	165
面团温度：	27℃

浸泡面团

300 克	高筋面粉	63%
200 克	水	41%

主面团

黑麦天然酵种			10 克	鲜酵母	2.1%
浸泡面团			10 克	蜂蜜	2.1%
150 克	1150 号黑麦面粉	31%	10 克	盐	2.1%
60 克	水	12%	5 克	黄油	1%

用勺子将天然酵种的原料混合均匀，在室温（20~22℃）下发酵 18 小时。天然酵种开始是液态的，但在发酵过程中，会因为全黑麦面粉吸收大量水分而变得黏稠。

将高筋面粉和 200 克水混合均匀，盖上盖子，静置 30 分钟（浸泡），在这段时间内面筋网络开始生成。

将主面团的所有原料放入厨师机中，低速和 8 分钟，中速和 2 分钟，直到面团的湿度适中，不黏手。

将面团放入一个大碗中，在 24℃下密封发酵 1 小时。

将面团放在撒有面粉的工作台上，快速按压，排气，整为橄榄形。将面团放在撒有面粉的发酵篮中，使有接缝的一面朝上，盖住。

在大约 24℃下发酵约 45 分钟。

将面团放在烘焙纸或撒有粗粒小麦面粉的比萨板上，使有接缝的一面向下，将多余的面粉用手扫去。

用锋利的刀倾斜划出两道斜向切口。切口互相平行，在面团中部重叠，重叠部分约为切口长度的 1/3（见右图）。

烤箱预热至 250℃，制造水蒸气，共烘焙 45 分钟。烘焙 10 分钟后，打开烤箱门以排出水蒸气。将温度降至 220℃，关上门继续烘焙。烘焙结束前 5 分钟，将烤箱门打开一条缝，即可烤出表皮酥脆的面包。

将混合面包放在冷却架上冷却。

小贴士

不同的土豆品种使得土豆小面包的口感和面团的含水量相应地发生变化。如果使用含水量高的土豆，那做出的面团更为柔软，因此用这种土豆时，面团的用水量要比配方中少 20~30 克。和面 3 分钟后就能知道面团的湿度。如果面团过于紧实，你可以将之前剩下的水一点点加入，直到面团湿度适中，几乎不黏手。

小麦混合面包 II 号的图片
见前面的篇章页。

纯黑麦面包

这款黑麦面包的面包心柔软、气孔细密。由于面包皮的酥脆程度不同，纯
黑麦面包的香味也不同，从淡淡的酸味到浓郁的酸香味都有。

含有粗磨谷粒的黑麦面包	纯黑麦面包口感独特，保鲜期也较长。在面包出炉后，面包的香气会越来越浓郁。此配方中的热泡混合物由粗磨黑麦谷粒浸泡制成。这种浸泡混合物提高了面包的营养价值，延长了保鲜时间，同时使面包心更加松软，有嚼劲。
前期准备：	将天然酵种的原料混合均匀，在室温（20~22℃）下发酵20小时，将粗磨黑麦谷粒、盐与沸水混合，在6~10℃的温度下静置8小时
第一次和面：	低速和5分钟（不加入酵母）
主发酵：	30分钟，24℃
第二次和面：	低速和5分钟（加酵母），至面团有黏性、紧实度适中、无弹性
静置：	30分钟，24℃
整形：	整为球形
二次发酵：	30分钟，24℃，放入发酵篮中（有接缝的一面朝下），热水刷面
烘焙：	60分钟，依次用250℃和200℃烘焙，需要水蒸气（有接缝的一面朝上），面包出炉后用热水刷面

时间

前期准备实际耗时：	大约30分钟
前期准备总耗时：	大约10小时
烘焙当日实际耗时：	大约30分钟
烘焙当日总耗时：	大约2.5小时

面团信息

面团总重量：	大约1285克
单个面团重量：	大约1285克
面团得率（理论值）：	167
面团温度：	28℃

黑麦天然酵种

210克	1150号黑麦面粉	28%	100%
210克	水	28%	100%
21克	黑麦酸酵头	2.8%	10%

热泡混合物

105克	粗磨黑麦谷粒（颗粒适中）	14%
105克	沸水	14%
14克	盐	1.9%

主面团

黑麦天然酵种			7 克	鲜酵母	0.9%
热泡混合物			（14 克	液态大麦麦芽 ）	（1.9%）
425 克	1150 号黑麦面粉	58%			
175 克	水	24%	土豆淀粉撒入发酵篮里		

将天然酵种的原料用勺子混合均匀，在室温（20~22℃）下发酵 20 小时，面团体积至少会变为原来的 2 倍。

将粗磨黑麦谷粒与盐用 105 克沸水烫泡并搅拌，混合物冷却后放入冰箱内（6~10℃），至少静置 8 小时。

将除酵母外主面团的原料放入厨师机中，低速和 5 分钟。将面团放入碗中，在室温（约 24℃）下密封发酵 30 分钟。加入酵母，用厨师机低速继续和 5 分钟。面团变得黏糊糊、不成形也没有弹性，像是刚刚搅拌好的混凝土。这时，将面团放在室温下（24℃）再发酵 30 分钟，面团体积会在这段时间内明显变大。

最好在工作台上撒上全黑麦面粉，然后将面团整为表面光滑的球形。注意，不要将面粉过多地揉入面团。

用刷子扫去面团上多余的面粉，将面团放入撒有土豆淀粉的发酵篮里，使有接缝的一面向下，在 24℃下密封发酵 30 分钟。

将面团放在烘焙纸或者撒有粗粒小麦面粉的比萨板上，使有接缝的一面朝上，用热水刷面。

烤箱预热至 250℃，制造水蒸气，共烘焙 60 分钟，至面包皮呈深棕色。烘焙 10 分钟后，打开烤箱门以排出水蒸气。将温度降至 200℃，关上门继续烘焙。烘焙结束前 5 分钟，将烤箱门打开一条缝，即可烤出表皮酥脆的面包。

面包出炉后再用热水刷面。

将黑麦面包放在冷却架上冷却。

三味面包

三味面包香味浓郁，可以与所有菜品搭配食用。它因为使用了三种面粉而得名：黑麦面粉、斯佩尔特小麦面粉和小麦面粉。

黑麦混合面包　互相融合的三种面粉和微酸的天然酵种使得这款面包拥有独特而香浓的味道。而酥脆的面包皮看起来非常诱人，也使面包的口感更佳。

判断面团是否充分发酵需要一定的个人经验。面团表面的切口只用作装饰，不需要太深。在推入烤箱之前，面团需要接近充分发酵的状态，这样面包才会拥有典型的横裂口，不至于在某一个位置不受控制地裂开或者由于过度发酵而表面变平。为了取得理想的效果，你需要不断积累经验，保持实验的热情和耐心。

前期准备：	混合黑麦天然酵种的原料，在室温（20~22℃）下发酵 18 小时
和面：	低速和 8 分钟，中速和 2 分钟，直到面团较紧实，有一定黏性
主发酵：	2 小时，24℃，发酵 1 小时后排气
整形：	整为橄榄形
二次发酵：	45 分钟，24℃，放入发酵篮中（有接缝的一面朝上），用热水刷面
割包：	沿面团划出短短的斜向切口
烘焙：	50 分钟，依次用 250℃和 200 ℃烘焙，需要水蒸气（有接缝的一面朝下），面包出炉后刷上光剂

时间

前期准备实际耗时：	大约 10 分钟
前期准备总耗时：	大约 18 小时
烘焙当日实际耗时：	大约 30 分钟
烘焙当日总耗时：	大约 4 小时

面团信息

面团总重量：	大约 935 克
单个面团重量：	大约 935 克
面团得率（理论值）：	167
面团温度：	26℃

黑麦天然酵种

110 克	1150 号黑麦面粉	20%	100%
110 克	水	20%	100%
15 克	黑麦酸酵头	2.8%	13.6%

上光剂

1 克	土豆淀粉（烘烤过）
20 克	水

主面团

黑麦天然酵种		
260 克	1150 号黑麦面粉	48%
130 克	高筋斯佩尔特小麦面粉	24%

45 克	1050 号小麦面粉	8%
250 克	水	46%
11 克	盐	2%

将天然酵种的原料用勺子混合均匀，在室温（20~22℃）下发酵 18 小时，面团在充分发酵后表面冒出气泡，有微酸香气。

将主面团的所有原料放入厨师机中，低速和 8 分钟，中速和 2 分钟，直到面团紧实、均匀、有黏性。

将面团放入一个大碗中，在 24℃下密封发酵 2 小时。发酵 1 小时后，将面团放在撒有面粉的工作台上快速按压，排气，再放回碗中。

主发酵完成后，将面团放在撒有面粉的工作台上排气，整为橄榄形。用刷子扫去面团表面多余的面粉。在发酵篮中撒上土豆淀粉，将面团放入发酵篮中，使有接缝的一面向上。

将面团在 24℃下发酵 45 分钟。

将面团放到烘焙纸或撒有粗粒小麦面粉的比萨板上，使有接缝的一面朝下。将面团上多余的淀粉扫去，用热水刷面。

用锋利的刀在面团两侧划出数道短短的斜向切口（见右图）。随着发酵状态的变化，切口将在接近充分发酵时变深，或在充分发酵后稍浅一些。

烤箱预热至 250℃，制造水蒸气，共烘焙 50 分钟，至表皮呈深棕色。烘焙 10 分钟后，打开烤箱门以排出水蒸气。将温度降至 200℃，关上门继续烘焙。烘焙结束前 5 分钟，将烤箱门打开一条缝，即可烤出表皮酥脆的面包。

在烘焙期间，在平底锅中将土豆淀粉烘烤（无须用油）至浅棕色，加入热水调成水淀粉。注意，不要让土豆淀粉结块。在面包出炉后立即将水淀粉刷在面包表面。

将三味面包放在冷却架上冷却。8 小时后，面包开始散发出香味，这时才可以切割面包。

圆面包

这款面包因散发出香气的深色面包皮和柔软的面包心而成为一些味道浓郁的食品的理想搭配，比如风干香肠和长条硬质奶酪。

含有斯佩尔特小麦和全黑麦成分的小麦混合面包

圆面包既有全黑麦面粉温和的香气，又有小麦面包所具有的疏松的气孔。斯佩尔特小麦面粉会在制作波兰酵头时吸收大量的水分。

面团的制作过程非常简单，如果面团较软的话，让有经验的面包师来处理会更好。水的烘焙百分比小于 68% 时，面团稍黏。有赖于全麦面粉和经过浸泡的斯佩尔特小麦面粉，面团拥有一些在加工过程中不易察觉的优点：紧实，整形时只需少量面粉。

前期准备： 混合黑麦天然酵种的原料，在室温（20~22℃）下发酵 18~20 小时；混合波兰酵头的原料，在室温（20~22℃）下发酵 18~20 小时

和面： 低速和 7 分钟，中速和 3 分钟，直到面团微黏、紧实、有弹性

主发酵： 1 小时，24℃，发酵 30 分钟之后折叠一次

整形： 排气，整为球形

二次发酵： 1 小时，24℃，放入发酵篮中（有接缝的一面向上）

割包： 先划出十字形切口，再在面团边缘划出 4 道圆弧形切口

烘焙： 45 分钟，依次用 250℃、190℃ 和 230℃ 烘焙，需要水蒸气（有接缝的一面朝下）

时间		面团信息	
前期准备实际耗时：	大约 15 分钟	面团总重量：	大约 895 克
前期准备总耗时：	大约 20 分钟	单个面团重量：	大约 895 克
烘焙当日实际耗时：	大约 30 分钟	面团得率（理论值）：	168
烘焙当日总耗时：	大约 3.5 小时	面团温度：	26℃

黑麦天然酵种					波兰酵头				
105 克	全黑麦面粉		20%	100%	155 克	高筋斯佩尔特面粉		30%	100%
105 克	水		20%	100%	155 克	水		30%	100%
10 克	黑麦酸酵头		1.9%	9.5%	0.2 克	鲜酵母		0.04%	0.13%

主面团

黑麦天然酵种			90 克	水	17%
波兰酵头			5 克	鲜酵母	1%
260 克	1050 号小麦面粉	50%	10 克	盐	1.9%

小贴士

和面时力度太大很快会和面过度，使面团丧失柔韧性，面筋链断裂，面团变得软塌塌。如果是在刚刚和过度的阶段，面团还可以在主发酵时稳定一下结构。最坏的情况就是，你必须弃用这个面团，重新制作一个。所以，在和面过程中请你务必小心观察。

将酵头和天然酵种的原料分别用勺子混合均匀，在室温下发酵 18~20 小时。

如果酵头和天然酵种已充分发酵，表面冒出气泡，就将它们和主面团的其他原料一起放入厨师机中，低速和 7 分钟，中速和 3 分钟，直到面团紧实、微黏、有弹性。和好的面团能够与搅拌缸壁分离。

将面团放入一个大碗中，在 24℃下密封发酵 1 小时。发酵 30 分钟后，将面团放在撒有面粉的工作台上折叠一次，增加面团的韧性。

主发酵完成后用力按压面团，将发酵产生的二氧化碳气体排出面团。将面团整为球形，放在撒有面粉的发酵篮中，使有接缝的一面向上，在 24℃下发酵 1 小时。

将面团从发酵篮中取出，放在烘焙纸或撒有面粉的比萨板上，用锋利的刀垂直划出深 1.5~2 厘米的十字形切口，再在十字形切口周围划出 4 道深约 1 厘米的圆弧形切口（见左图）。

烤箱预热至 250℃，制造水蒸气，共烘焙 45 分钟。烘焙 10 分钟后，打开烤箱门以排出水蒸气。将温度降至 190℃，关上门继续烘焙。烘焙结束前 10 分钟，将温度升至 230℃。将烤箱门打开一条缝，即可烤出表皮酥脆的面包。

面包在食用之前，先放在冷却架上完全冷却。

猪油面包

猪油面包可以作为日常食用的面包，也可以搭配烤肉食用。

含有全谷物的小麦混合面包　在德国的许多地区，猪油（动物油）面包是优质面包的代名词。在制作面团的过程中，加入猪油可以优化面团的品质。根据个人的口感差异和地区特色，这种面包的其他原料大不相同：猪油里的油渣、苹果、蜂蜜、香草或调料。也正是这样，每款面包都拥有独特的口感。

因为掺有少量的全谷物，所以面团拥有很强的膨胀能力，烤出的面包气孔疏松，面包心松软，裂口形状完美。深色的面包皮不仅口感酥脆，还使面包拥有柔和的香气。

前期准备：	混合黑麦天然酵种的原料，在室温（20~22℃）下发酵20小时；
和面：	低速和5分钟（不加入盐和猪油），中速和5分钟，中速再和5分钟（加入盐和猪油），直到面团紧实、几乎不黏手。
主发酵：	45分钟，24℃，排气；15分钟，24℃
整形：	整为两头尖的橄榄形
二次发酵：	30分钟，24℃，放入发酵篮中（有接缝的一面朝上）
割包：	沿着面团纵向中心线划出一道切口
烘焙：	50分钟，依次用250℃和220℃烘焙，需要水蒸气（有接缝的一面朝下）

时间

前期准备实际耗时：	大约10分钟
前期准备总耗时：	大约20小时
烘焙当日实际耗时：	大约40分钟
烘焙当日总耗时：	大约3小时

面团信息

面团总重量：	大约900克
单个面团重量：	大约900克
面团得率（理论值）：	160
面团温度：	26℃

黑麦天然酵种

65克	全黑麦面粉	12%	100%
50克	水	10%	77%
6克	黑麦酸酵头	1%	9%

主面团

黑麦天然酵种			8 克	鲜酵母	1.5%
420 克	550 号小麦面粉	79%	10 克	盐	1.9%
45 克	1150 号黑麦面粉	8%	35 克	猪油	6.6%
265 克	水	50%			

将天然酵种的原料用勺子混合均匀，在室温（20~22℃）下发酵 20 小时。面团的体积将变为原来的 2 倍。

将除了盐和猪油以外的主面团原料放入厨师机中，低速和 5 分钟，中速和 5 分钟，直到面团紧实，能够与搅拌缸壁分离。加入盐和猪油，中速和 5 分钟。和好的面团变得湿润、紧实、不黏手。

将面团放入一个大碗中，在 24℃下密封发酵 45 分钟，接着用手快速按压面团，排气。将面团在 24℃下发酵 15 分钟。

将面团整为两头尖的橄榄形，放入撒有面粉的发酵布上或者发酵篮中，使有接缝的一面朝上，在 24℃下发酵 30 分钟。

将面团放在烘焙纸或者比萨板上，使有接缝的一面朝下。用锋利的刀沿面团纵向中心线垂直划出一道约 2 厘米深的切口（见右图）。

烤箱预热至 250℃，制造水蒸气，共烘焙 50 分钟。烘焙 10 分钟后，打开烤箱门以排出水蒸气。将温度降至 220℃，关上门继续烘焙。烘焙结束前 5 分钟，将烤箱门打开一条缝，即可烤出表皮酥脆的面包。

面包在食用之前放在冷却架上冷却。

小贴士

如果再向面团中加入一些烤洋葱，烤出的面包将会有一种独特的香味，这是猪油面包的一个衍生配方。

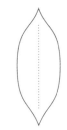

土豆面包

在摆上餐桌之前，这款面包所需的准备时间相对较短，但准备工作内容繁多。它是一款品质出众的日常餐包，可以搭配各种鲜美的面包抹酱和菜肴，适合各种场合。

含有土豆和全麦成分的小麦混合面包　许多面包店在制作土豆面包时都使用土豆粉。但这个配方使用鲜土豆，这能为面包增添一种独特的风味。除此之外，天然酵种淡淡的酸味、酵头的坚果香味以及全麦面粉的香气同样使面包的风味独特。这款松软而朴素的面包拥有很长的保鲜期，这不仅得益于土豆的加入，还得益于浸泡混合物中的陈面包——改善了面包的口感和保存期。

前期准备：　分别混合波兰酵头和黑麦天然酵种的原料，在室温（20~22℃）下发酵20小时；将陈面包碎后并与水混合，在6~10℃的温度下至少浸泡4小时。土豆煮熟，去皮，晾凉

和面：　低速和5分钟，中速和8分钟，直到面团紧实、不黏手、有弹性

主发酵：　1小时，24℃

整形：　整为球形

二次发酵：　45分钟，24℃，放入发酵篮中（有接缝的一面朝上）

割包：　划出较深的十字形切口，然后在十字形切口分成的各部分中间划出一道竖直的切口

烘焙：　1小时，依次用250℃、190℃和230℃烘焙，需要水蒸气（有接缝的一面朝下）

时间	
前期准备实际耗时：	大约30分钟
前期准备总耗时：	大约20小时
烘焙当日实际耗时：	大约30分钟
烘焙当日总耗时：	大约3.5小时

面团信息	
面团总重量：	大约1315克
单个面团重量：	大约1315克
面团得率（理论值）：	163
面团温度：	26℃

波兰酵头

100克	全麦面粉	14.5%	100%
100克	水	14.5%	100%
0.1克	鲜酵母	0.01%	0.1%

黑麦天然酵种

135克	全黑麦面粉	19.5%	100%
135克	水	19.5%	100%
13克	黑麦酸酵头	1.9%	10%

冷泡混合物

40 克	陈面包	6%
75 克	水	11%

主面团

波兰酵头

黑麦天然酵种

冷泡混合物

200 克	土豆（生的、未削皮的，即 150 克煮熟的、削过皮的土豆）
65 克	1150 号黑麦面粉　　　　　　　　　　9%

350 克	1050 号小麦面粉	51%
120 克	水	17%
8 克	鲜酵母	1.2%
14 克	盐	2%
10 克	猪油（可用黄油代替）	1.5%

将酵头和天然酵种的原料分别用勺子混合均匀，在室温（20~22℃）下发酵 20 小时。酵头和天然酵种的体积变为原来的 2 倍，且表面密布气孔时，说明发酵完成。天然酵种闻起来应有柔和的酸味，酵头应该有水果的酸涩味。

将陈面包用食物料理机磨碎（颗粒直径小于 1 毫米）之后，加水混合均匀，密封放入冰箱中（10℃），浸泡至少 4 小时。

将土豆煮熟、去皮、晾凉，用叉子压碎，捣成泥状。

将主面团的原料放入厨师机的搅拌缸中，低速和 5 分钟，中速和 8 分钟。在和面刚开始的几分钟内，面团相对较干。但土豆中含有的水分会慢慢改变面团湿度。之后，面团变得相对紧实，但仍会有些黏手。

将面团放入一个大碗中，在 24℃下密封发酵 1 小时。

将面团放在撒有面粉的工作台上，整为球形，放到撒有面粉的发酵篮中，使有接缝的一面朝上。

在 24℃下密封发酵 45 分钟。

将面团放在烘焙纸或者撒有粗粒小麦面粉的比萨板上，使有接缝的一面朝下。扫去面团上多余的面粉，用锋利的刀在面团表面垂直划出约 2 厘米深的十字形切口，然后再在十字形切口分成的 4 部分的中间各划出一道大约 5 厘米长、不超过 5 毫米深的切口（见右图）。

烤箱预热至 250℃，制造水蒸气，共烘焙 1 小时。烘焙 10 分钟后，打开烤箱门以排出水蒸气。将温度降至 190℃，关上门继续烘焙。烘焙结束前 10 分钟，将温度升至 230℃，将烤箱门打开一条缝，即可烤出表皮酥脆的面包。

面包在食用之前，先放在冷却架上完全冷却。

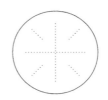

黑啤面包

这款面包柔和微酸的田园风味要归功于黑啤，它适合搭配硬质奶酪和各种香肠食用。

含有全麦成分的小麦混合面包	黑啤可以作为色素，加深面包皮的颜色；另一方面也能给面包增添独特的风味。这种风味通过面包的全麦成分和酸化的黑麦面粉得到了进一步优化。在烘焙过程中酒精将完全挥发。 想要面团紧实度适中，你需要有经验和耐心。为了烘焙出形状完美、膨松柔软、风味独特的面包，一切付出都是值得的。
前期准备：	分别混合黑麦天然酵种和波兰酵头的原料，在室温（20~22℃）下发酵20小时
和面：	低速和5分钟，中速和5分钟，直到面团湿度适中、湿润、微黏
主发酵：	2小时，24℃，发酵1小时之后折叠面团
整形：	整为球形，静置20分钟，整为橄榄形
二次发酵：	30分钟，24℃，放入发酵篮中（有接缝的一面朝上）
割包：	划出一道较深的纵向切口
烘焙：	45分钟，依次用250℃和220℃烘焙，需要水蒸气（有接缝的一面朝下）

时间

前期准备实际耗时：	大约15分钟
前期准备总耗时：	大约20小时
烘焙当日实际耗时：	大约45分钟
烘焙当日总耗时：	大约5小时

面团信息

面团总重量：	大约870克
单个面团重量：	大约870克
面团得率（理论值）：	167
面团温度：	25℃

黑麦天然酵种

120克	全黑麦面粉	24%	100%
110克	水	22%	92%
12克	黑麦酸酵头	2.4%	10%

波兰酵头

110克	全麦面粉	22%	100%
100克	水	22%	100%
0.1克	鲜酵母	0.02%	0.1%

主面团

黑麦天然酵种			6 克	鲜酵母	1.2%
波兰酵头			10 克	盐	2%
270 克	550 号小麦面粉	54%	（10 克	液态大麦麦芽）	（2%）
115 克	黑啤	23%			

　　将天然酵种和酵头的原料分别用勺子混合均匀，在室温（20~22℃）下发酵 20 小时，天然酵种和酵头明显膨胀，表面多气孔，形成类似蜂巢的结构。

　　将主面团的所有原料放入厨师机中，低速和 5 分钟，中速和 5 分钟，直到面团湿度适中、湿润、微黏，但能够与搅拌缸壁分离。

　　将面团放入一个大碗中，在 24℃下密封发酵 2 小时。发酵 1 小时后，将面团放在撒有面粉的工作台上进行折叠，然后放回碗中。

　　快速按压面团，排出气体。将面团整为球形，使面团表面变得紧致。将面团密封静置 20 分钟。

　　将球形面团整为橄榄形，使有接缝的一面朝上，放入撒有面粉的发酵篮中，在 24℃下发酵 30 分钟。

　　将面团放在烘焙纸或者撒有粗粒小麦面粉的比萨板上，使有接缝的一面朝下，用手扫去面团上多余的面粉。用锋利的刀沿面团纵向中心线垂直划出一道约 2 厘米深的切口（见左图）。

　　烤箱预热至 250℃，制造水蒸气，共烘焙 45 分钟，至面包皮呈深棕色。烘焙 10 分钟后，打开烤箱门以排出水蒸气。将温度降至 220℃，关上门继续烘焙。烘焙完成前 5 分钟，将烤箱门打开一条缝，即可烤出表皮酥脆的面包。

　　面包在食用之前，先放入冷却架上完全冷却。

法　棍

这款面包的配方源自法国。它因为粗犷而不均匀的气孔、清甜的水果风味、
酥脆的面包皮和大大的裂口而备受欢迎。

小麦烘焙食品　　法棍无疑是最负盛名的法国面包，几乎没有哪种面包能够如此深远地影响
一个国家的文化。即使在德国和其他国家或地区，这种特色食品也流传已
久并备受欢迎。但是，只要是在法国吃过法棍的人都会认为，在法国以外
的地方买到的绝大多数法棍都不能和法国买到的相媲美。

原因主要在于原料——没有只在温暖地带生长的小麦制成的特殊小麦面粉
（型号为 T65），本地的面包师就无法做出法国风味的法棍。但"标准"
的法棍是不存在的，因为即使在法国，这种面包的配方和制作也因地区和
面包师而异的。

法棍的典型特征主要在于其使用的特殊酵头：一种是小麦天然酵种，另一
种是波兰酵头。本书这个配方只使用波兰酵头，这给面包带来了经典的水
果风味，使面包心柔软适中，面包皮酥脆可口。

因为家庭烤箱长度有限，所以无法烘焙经典的 50~70 厘米长的法棍。我在
这个配方中将法棍的长度缩短，重量减少，但是各原料的烘焙百分比还是
一样的。

前期准备：　　将波兰酵头的原料混合，在室温（20~22℃）下发酵 22 小时

浸泡：　　将面粉、波兰酵头和水混合，静置 30 分钟

和面：　　低速和 5 分钟，中速和 8 分钟，直到面团紧实、光滑、不黏手

主发酵：　　2 小时，24℃，发酵 1 小时之后折叠面团

整形：　　将面团平分成 3 份，整为圆柱体，静置 20 分钟，再整为法棍的形状

二次发酵：　　35 分钟，24℃，放在发酵布中（有接缝的一面朝上）

割包：　　倾斜划出 3 道较浅的斜向切口

烘焙：　　20 分钟，250℃，需要水蒸气（有接缝的一面朝下）

时间

前期准备实际耗时：	大约 10 分钟
前期准备总耗时：	大约 22 小时
烘焙当日实际耗时：	大约 40 分钟
烘焙当日总耗时：	大约 4.5 小时

面团信息

面团总重量：	大约 650 克
单个面团重量：	大约 215 克
面团得率：	164
面团温度：	26℃

波兰酵头

130 克	550 号小麦面粉	33%	100%
130 克	水	33%	100%
0.1 克	鲜酵母	0.02%	0.08%

浸泡面团

波兰酵头			
260 克	小麦面粉 550 号	67%	100%
120 克	水	31%	0.1%

主面团

浸泡面团		
4 克	鲜酵母	1%
8 克	盐	2%

将酵头的原料用勺子混合均匀，在室温（20~22℃）下发酵 22 小时。酵头充分发酵之后会产生很多气泡，闻起来有一股清香。

将小麦面粉、酵头和 120 克水放到厨师机中，低速和 2 分钟，密封，静置 30 分钟。浸泡可以缩短和面的总时间，同时优化面包的口感，促进面筋网络的生成。

将酵母和盐放入浸泡面团里，低速和 5 分钟，中速和 8 分钟，直到面团光滑紧实，能够完全与搅拌缸壁分离。

将面团在 24℃下发酵 2 小时。发酵开始 1 小时后，折叠一次面团。

接下来的步骤最重要的是：要小心地按压面团，目的是尽可能避免气体从面团中逸出。

步骤 1

将面团整为圆柱体，用指尖将面团距身体较远的一端向身体方向卷起，然后将接缝按压紧实。

步骤 2

再将面团距身体较远的一端（上一步形成的边缘）向身体方向卷起，压实接缝。继续重复该步骤，直至面团完全卷起。

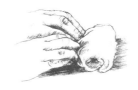

步骤 3

将面团稍稍压平，左手大拇指放在面团右侧短边中间，然后将面团对折。

步骤 4

用右手的大鱼际将折起的面团边缘往前推，再轻轻压实接缝。反复对折和按压，直到面团完全对折。将面团旋转180°，再次从右向左对折和按压面团。

步骤 5

第三次从右向左对折和按压面团，这次将面团的接缝按压紧实。

将面团从搅拌缸中拿出，放到撒有薄薄的一层面粉的工作台上，然后平均分割成 3 份，每份都拉成长方形，使长边垂直于身体。接着将每个小面团卷起来：将面团距身体较远的一端向身体方向卷起，并压实接缝。重复这个过程，直到面团成为圆柱体（步骤 1、2）。将面团放到发酵布上，使有接缝的一面朝上，静置 20 分钟，这一过程是为了松弛面团，让之后的法棍更容易成形。

将面团从发酵布上拿下来，放到撒有薄薄的一层面粉的工作台上，使面团长边与身体平行，依次排列。将面团轻轻压平。左手大拇指竖直放在小面团右侧短边的中间，再将面团对折，盖住大拇指，最后用右手的大鱼际将折起的面团边缘向前推并压实接缝。注意，在按压的时候只需将接缝压实而不要将整个面团压实。左手大拇指一点儿一点儿向面团左侧移动，始终使折过来的面团盖住大拇指，然后压实。接着，将面团在工作台上旋转 180°（现在接缝处于距身体较远的一边），然后重复这一过程。面团表面应该更为紧致，变得更长。最后，将面团像之前一样从右至左对折一次，这次将面团的上下两部分沿长边按实，得到均匀的接缝（步骤 3、4、5）。

小贴士

这种方法虽然很费力，但是能更好地提高小面团结构的稳定性。一个相对简单、尤其适用于新手的方法是多次整形。将静置后的圆柱形面团压平一些，再重新卷 2~3 次。重要的是，要通过这种方法使面团表面变得紧致。

双手平放于已经成形的面团上，将面团搓成长 30~35 厘米的长棍形，两端搓圆（步骤 6）。

所有的小面团整形完毕之后，将它们放在撒有面粉的发酵布上，使有接缝的一面朝上，盖好。在大约 24℃下发酵 35 分钟。

将面团用法棍转移板（一块平整的长板）从发酵布上转移到烘焙纸或者撒有粗粒小麦面粉的比萨板上，使有接缝的一面向下，用手扫去面团上多余的面粉。用弧形刀片（或弯曲的剃须刀片）垂直划出 3 道平行的斜向切口，切口互相重叠的部分约为切口长度的 1/3（步骤 7）（见右图）。

烤箱预热至 250℃，制造水蒸气，共烘焙 20 分钟。烘焙 10 分钟后，打开烤箱门以排出水蒸气。关上门，继续烘焙。烘焙结束前5分钟，将烤箱门打开一条缝，即可烤出表皮酥脆的面包。

　　面包在食用之前，先放在冷却架上完全冷却。

小贴士

　　法棍面团在烘焙时也可以有接缝的一面朝上，烘焙前你只需在面团中心倾斜划出一道纵向切口。注意，这样的话，面团放在发酵布上发酵时应该有接缝的一面朝下。

步骤6

　　用双手将长而紧实的面团搓成长棍形。

步骤7

　　用弧形割包刀倾斜割包。

巧克力面包

巧克力面包带有黑巧克力的苦味、蜂蜜微微的甜味和小麦天然酵种柔和的
酸味。

**添加蜂蜜和巧克力的
小麦面包**

面包和巧克力的组合是在榛子巧克力酱出现之后才流行起来的。巧克力块
可以直接揉进面团里，使面包拥有诱人的外观和柔软膨松的面包心。烘焙
过程中，面团具有很强的膨胀能力，会沿着切口的方向裂开。同时，合适
的面团湿度简化了面包的制作过程。这款美味的自然风味要归功于长时间
的发酵和相对少量的酵母的作用。配方可以同时制作两个小面包，当然你
也可以做成一个大面包，烘焙时间也要相应延长至 50 分钟。

前期准备： 混合小麦天然酵种的原料，放在室温（20~22℃）下发酵 12 小时

和面： 低速和 5 分钟（不加入巧克力），中速和 8 分钟，低速和 1 分钟（加入巧
克力），直到面团紧实、有弹性、不黏手

主发酵： 2 小时，24℃

整形： 整为一个球形面团或两个橄榄形面团

二次发酵： 3 小时，24℃，放在发酵布或者烘焙纸上（有接缝的一面朝下）

割包： 用扁平的刀片沿面团直径（球形面团）或纵向中心线（橄榄形面团）划出
一道深深的切口

烘焙： 35 分钟，230℃降至 190℃，需要水蒸气（有接缝的一面朝下）

时间

前期准备实际耗时：	大约 10 分钟
前期准备总耗时：	大约 12 小时
烘焙当日实际耗时：	大约 30 分钟
烘焙当日总耗时：	大约 6 小时

面团信息

面团总重量：	大约 995 克
单个面团重量：	大约 495 克
面团得率：	161
面团温度：	26℃

小麦天然酵种

45 克	1050 号小麦面粉	9.5%	100%
15 克	水	3%	33%
30 克	小麦酸酵头	6%	67%

主面团

小麦天然酵种					
425 克	1050 号小麦面粉	87.5%	75 克	蜂蜜	15%
265 克	水	55%	30 克	可可粉	6%
1.5 克	鲜酵母	0.3%	10 克	盐	2.1%
			100 克	黑巧克力（切成大颗粒）	21%

　　用勺子将天然酵种的原料混合均匀，用手揉成团，在室温（20~22℃）下发酵 12 小时。天然酵种的面团相对紧实，在充分发酵过程中由于产生气泡而变得松软。

　　将除巧克力之外的主面团原料放入厨师机中，低速和 5 分钟，中速和 8 分钟，此时的面团紧实、不黏手、有弹性。加入巧克力，低速和 1 分钟，将面团放入盆中，在大约 24℃下密封发酵 2 小时。面团明显膨胀。

　　将面团整为球形，也可平分成两份，整为橄榄形。根据你对于气孔的期望不同——均匀细密或者疏松多孔，在和面的过程中你要控制排气量的多少。

　　将面团放到未撒面粉的发酵布或烘焙纸上，在 24℃下发酵 3 小时。为了使面团拥有足够的膨胀能力，面团应接近充分发酵（3/4 发酵）状态。

　　将发酵布中的面团转移到烘焙纸或者撒有粗粒小麦面粉的比萨板上，使有接缝的一面朝下。

　　用锋利的刀沿面团直径（圆形面团）或纵向中心线（橄榄形面团）划出 2 厘米长的切口（见左图）。

　　烤箱预热至 230℃，制造水蒸气，共烘焙 35 分钟。烘焙 10 分钟后，打开烤箱门以排出水蒸气。将温度降至 190℃，关上门继续烘焙。烘焙结束前 5 分钟，将烤箱门打开一条缝，即可烤出表皮酥脆的面包。

　　将巧克力面包放在冷却架上，冷却后可进行切分。

罂粟籽*面包

面包皮酥脆、面包心柔软的罂粟籽面包是一款很受欢迎的早餐面包，
只需极短的时间便可出炉。

小麦面包与罂粟籽的组合	在德国的很多地区，罂粟籽面包是面包师的必备作品。不同的地区有不同的罂粟籽面包，它们或大或小，或软或硬，外观也各不相同。

在这个配方中，我们用波兰酵头来给面包增添香味，加入一些小麦酸酵头来调节面包的口感，还加入汤种以使面包心更加膨松柔软。在不降低面团湿度的情况下，汤种会吸收大量的水分。

经过长时间的低温发酵，面团从冰箱中取出后，表面会凝结水珠。因此，面包皮会在烘焙过程中产生小气泡，尽管这是面包拥有优良品质的表现，表皮带有气泡的面包还是会被顾客排斥。用简单的方法就可以避免气泡的出现，即在面团上撒面粉，或者低温发酵后将面团长时间放在室温下回温。不过，表皮带气泡的面包吃起来口感更好。

前期准备：	混合波兰酵头原料，放在室温（20~22℃）下发酵18小时；将汤种原料边加热边搅拌，直至黏稠，冷藏3小时
和面：	低速和5分钟，中速和10分钟，直到面团紧实、有弹性、不黏手
主发酵：	1小时，24℃
整形：	将面团分成4个小面团，整为餐包形，静置30分钟。再搓成长条形，静置10分钟。最后将面团编成辫子，用蛋液刷面，撒上罂粟籽
二次发酵：	10小时，4~6℃
烘焙：	25分钟，依次用230℃和200℃烘焙，需要水蒸气

时间	
前期准备实际耗时：	大约 1 小时
前期准备总耗时：	大约 32 小时
烘焙当日实际耗时：	无
烘焙当日总耗时：	大约 30 分钟

面团信息	
面团总重量：	大约 540 克
单个面团重量：	大约 270 克
面团得率：	164
面团温度：	20℃

波兰酵头

75 克	550 号小麦面粉	23%	100%
75 克	水	23%	100%
0.1 克	鲜酵母	0.03%	1.3%

汤种

120 克	水	37.5%
25 克	550 号小麦面粉	8%
7 克	盐	2.2%

主面团

波兰酵头		
汤种		
220 克	550 号小麦面粉	69%
6 克	鲜酵母	1.9%
10 克	植物油	3.1%
（5 克	小麦酸酵头）	（1.6%）

1 个鸡蛋打成蛋液用于刷面

罂粟籽用于撒在面团上

　　用勺子搅拌酵头的原料，在室温（20~22℃）下发酵 18 小时，使酵头的体积至少变为原来的 2 倍。

　　将汤种原料放入小炖锅，用打蛋器搅拌均匀。小火加热混合物，同时不断搅拌，直至混合物变得黏稠，再继续搅拌 2 分钟。当混合物与锅底部分分离，变为糊状，有光泽后，盖住混合物，冷藏至少 3 小时。

　　将主面团的原料放入厨师机中，低速和 5 分钟，中速和 10 分钟，直到面团柔韧、紧实。

　　将面团放入盆中，在 24℃下密封发酵 1 小时。

　　快速按压面团，排气。将面团分成 4 个大约 135 克的小面团，整为餐包形，密封静置 30 分钟。将小面团搓成长大约 30 厘米的条，末端略细，静置 10 分钟。搓面团的时候不能太用力，否则面团会断开。如果面团无法搓至 30 厘米长，那就静置 10 分钟再搓，搓完再让面团松弛几分钟。

　　将两个面团在工作台上交叉成 X 形摆放，提起下面面团的两端交叉，再将上面面团的两端交叉。重复以上步骤，直到编好"辫子"。将两个面团的末端按压在一起，藏到"辫子"里。用同样的方法处理剩下的两个面团。将蛋液刷在面团表面，再撒上罂粟籽，放在烘焙纸上，在 4~6℃的温度下（比如冰箱冷藏室底层）密封发酵 10 小时。

烤箱预热至 230℃，制造水蒸气，共烘焙 25 分钟。烘焙 10 分钟后打开烤箱门以排出水蒸气。将温度降至 200℃，关上门继续烘焙。烘焙结束前 5 分钟，将烤箱门打开一条缝，即可烤出表皮酥脆的面包。

将罂粟籽面包放在冷却架上冷却。

小麦小面包

这是一款德国经典的早餐面包，面包心松软，面包皮酥脆。

含有牛奶成分的小麦小面包	在德国各地的面包店中，销售得最好的小麦小面包有许多不同的名称。在德国的不同地区，它们可能被称为 schrippen、semmeln 或者 doppelte。 不同面包师做出的面包也形状各异，但所有的小麦小面包都有两个共同点：面包皮酥脆，面包心松软。 面包的香味和口感由特殊的酵头所决定。被称为中种面团的酵头需要经过两天的低温发酵制成，将给面包带来独特的坚果香味。
前期准备：	混合中种面团的所有原料，在室温（20~22℃）下发酵 1 小时，在 6℃下发酵 48 小时
和面：	低速和 5 分钟、中速和 8 分钟，直至面团紧实、不黏手、湿润
主发酵：	1 小时，24℃，发酵 30 分钟后折叠一次面团
分割整形 I：	平分成 8 个小面团，整为餐包形
二次发酵：	45 分钟，24℃，将面团放入发酵布中（有接缝的一面向上）
整形 II：	面团两两紧贴在一起（有接缝的一面朝下），用热水刷面
割包：	在每一对面团上都划出一道较深的切口
烘焙：	20 分钟，依次用 230℃和 210℃烘焙需要水蒸气，出炉之后用热水刷面

时间		面团信息	
前期准备实际耗时：	大约 10 分钟	面团总重量：	大约 720 克
前期准备总耗时：	大约 49 小时	单个面团重量：	大约 90 克
烘焙当日实际耗时：	大约 40 分钟	面团得率：	160
烘焙当日总耗时：	大约 3 小时	面团温度：	25℃

中种面团

130 克	550 号小麦面粉	30%	100%
90 克	水	21%	69%
3 克	鲜酵母	0.7%	2%
3 克	盐	0.7%	2%

主面团

	中种面团	
305 克	550 号小麦面粉	70%
70 克	水	16%
100 克	牛奶（脂肪含量 3.5%）	23%
6 克	鲜酵母	1.4%
6 克	盐	1.4%
6 克	糖	1.4%

用勺子将中种面团的原料搅拌均匀，在室温（20~22℃）下密封发酵 1 小时，再放入 6℃下（如冰箱冷藏室下层）发酵 48 小时，直至中种面团的体积至少变为原来的 2 倍，出现明显的气泡。

将主面团的原料放入厨师机中，低速和 5 分钟，中速和 8 分钟，直到面团紧实、湿润，能与搅拌缸底分离。

将面团放入一个大碗中，在大约 24℃下密封发酵 1 小时。发酵 30 分钟后，将面团放在撒有薄薄的一层面粉的工作台上折叠一次。

用手按压面团，排气，将面团平分成 8 个大约 90 克的小面团。将小面团整为餐包形，放在发酵布上，使接缝的一面向上。在 24℃下密封发酵 45 分钟。

将小面团两两紧贴在一起，放在烘焙纸上或撒有粗粒小麦面粉的比萨板上，使有接缝的一面朝下，然后用热水刷面。

用锋利的刀沿面团直径垂直划出 1~1.5 厘米深的切口（见右图）。

烤箱预热至 230℃，制造水蒸气，共烘焙 20 分钟。烘烤 10 分钟后，打开烤箱门以排出水蒸气。将温度降至 210℃，关上门继续烘焙。在烘焙结束前 5 分钟，将烤箱门打开一条缝，即可烤出表皮酥脆的面包。

为了使面包皮更有光泽，需要在面包出炉后再次用热水刷面。将面包放在冷却架上冷却。

乡村小麦面包

乡村小面包表皮酥脆，适合涂抹所有的面包抹酱或者与菜肴搭配。

含有橄榄油和牛奶的小麦混合小面包　用这种配方制作的面包与普通的小麦面包有所不同，它不仅含水量比较高，还添加了橄榄油和黑麦面粉。

橄榄油使面团的结构更加紧密，也改善了面包的口感；而牛奶使面包心变得松软，面包的体积增大；黑麦面粉为小面包带来了微酸的口感，同时改善了面团的湿度。由于酵头和长时间的低温发酵，面包散发出独特的香味。

前期准备：	混合波兰酵头的所有原料，在室温（20~22℃）下发酵20小时
和面：	低速和5分钟，中速和8分钟，直到面团微黏、湿润、湿度适中
主发酵：	1小时，20℃
分割整形：	平分成8个小面团，整为圆柱体
二次发酵：	3小时，10℃或者10小时，4~5℃（有接缝的一面朝下）
烘焙：	230℃，20分钟，需要水蒸气（有接缝的一面朝上）

时间

前期准备实际耗时：	大约10分钟
前期准备总耗时：	大约20小时
烘焙当日实际耗时：	大约45分钟
烘焙当日总耗时：	大约5小时

面团信息

面团总重量：	大约860克
单个面团重量：	大约105克
面团得率：	173
面团温度：	22℃

酵头

200克	550号小麦面粉	40%	100%
200克	水	40%	100%
0.2克	鲜酵母	0.04%	0.1%

主面团

	波兰酵头	
250克	550号小麦面粉	50%
50克	1150号黑麦面粉	10%
160克	牛奶（脂肪含量3.5%）	32%
4克	鲜酵母	0.8%
10克	盐	2%
6克	橄榄油	1.2%

步骤 1

将面团整为圆柱体，用指尖将面团距身体较远的一端向身体方向卷起，然后将接缝按压紧实。

步骤 2

再将面团距身体较远的一端（上一步形成的边缘）向身体方向卷起，压实接缝。继续重复该步骤，直至面团完全卷起。

用勺子将酵头的原料搅拌均匀，密封放入室温（20~22℃）下发酵 20 小时，直至酵头的体积变为原来的 2 倍，布满气泡。

将主面团的原料放入厨师机中，低速和 5 分钟，中速和 8 分钟，直到面团微黏、湿度适中，能与搅拌缸底分离。

将面团放入碗中，在大约 20℃下密封发酵 1 小时。

紧接着用手按压面团，排出气体，然后将面团平分成 8 个小面团。

将小面团放在撒有面粉的工作台上，将面团整为圆柱体（步骤 1、2）。

将面团放在撒有面粉的发酵布或者烘焙纸上，使有接缝的一面朝下，盖好，在大约 10℃（比如冰箱冷藏室上层）下发酵 3 小时，也可以在 4~5℃发酵 10 小时。

烘焙前翻转小面团（有接缝的一面朝上），放在烘焙纸或撒有粗粒小麦面粉的比萨板上。如果此时接缝不太清晰，可以用割包刀在面团上再划出一道斜切口。

烤箱预热至 230℃，制造水蒸气，共烘焙 20 分钟。烘焙 10 分钟后，打开烤箱门以排出水蒸气。关上门，继续烘焙。在烘焙结束前 5 分钟，将烤箱门打开一条缝，即可烤出表皮酥脆的面包。

将小面包放在冷却架上冷却。

燕麦片小面包

燕麦片小面包面包心松软、面包皮酥脆，与沙拉、汤汁、
香肠或奶酪搭配食用，味道极佳。

含有燕麦片的小麦面包	越可口的燕麦片面包，对制作的要求也就越高。此款面包的面团较为柔软，只有通过熟练而快速的手工操作，才能将分割过的面团整为餐包形。在放入烤箱之前，面团应接近充分发酵的状态，对于该时间点的掌握考验了面包师的经验和熟练程度。 燕麦片的加入使面包更有嚼劲。同时，烘烤过的燕麦片也使面包拥有坚果的香味。 面团的发酵仅仅依靠黑麦天然酵种，不需要额外加入酵母。因此，有活力的天然酵种是制作燕麦片小面包的必备原料。
前期准备：	混合黑麦天然酵种原料，在室温（20~22℃）下发酵 20 小时。把燕麦片放入平底锅中烘烤，无须用油
和面：	低速和 5 分钟（不加入燕麦片），中速和 8 分钟，低速和 1 分钟（加入燕麦片），直到面团湿润、有黏性、有弹性
主发酵：	3 小时，24℃，1.5 小时后折叠面团
分割整形：	平均分成 8 个小面团，整为餐包形，使其沾满全黑麦面粉
二次发酵：	1 小时，24℃，将面团放在发酵布上（有接缝的一面朝上）
烘焙：	20 分钟，230℃，需要水蒸气（有接缝的一面朝下）

时间

前期准备实际耗时：	大约 20 分钟
前期准备总耗时：	大约 20 小时
烘焙当日实际耗时：	大约 40 分钟
烘焙当日总耗时：	大约 5 小时

面团信息

面团总重量：	大约 800 克
单个面团重量：	大约 100 克
面团得率：	166
面团温度：	26℃

黑麦天然酵种

120 克	1150 号黑麦面粉	30%	100%
120 克	水	30%	100%
12 克	黑麦酸酵头	3%	10%

主面团

黑麦天然酵种			185 克	水	47%
70 克	燕麦片（味道浓郁，经过烘烤）	18%	12 克	蜂蜜	3%
275 克	1050 号小麦面粉	70%	9 克	盐	1.9%

将天然酵种的原料混合均匀，放在室温（20~22℃）下发酵大约 20 小时。燕麦片放入平底锅中烘烤（无须用油）。

将除燕麦片以外的主面团原料放入厨师机中，低速和 5 分钟，中速和 8 分钟。面团变得越来越紧实，但仍不能与搅拌缸底分离。最后，在面团中加入燕麦片，低速和 1 分钟。

将面团放入碗中，在大约 24℃下密封发酵 3 小时。发酵 1.5 小时后，用面团刮板将面团折叠一次。

发酵完成后，将面团放在撒有薄薄的一层面粉的工作台上，平均分割成 8 个小面团，用沾满面粉的双手将小面团整为餐包形。将面团滚上全黑麦面粉，最后将面团放在发酵布上，使有接缝的一面朝上，在大约 24℃下发酵 1 小时。面团应处于接近充分发酵的状态。

最后，将小面团放在烘焙纸上，使有接缝的一面朝下。烤箱预热至 230℃，制造水蒸气烘焙，共需 20 分钟。烘烤开始 10 分钟后，打开烤箱门以排出水蒸气。关上门，继续烘焙。在烘焙结束前 5 分钟将烤箱门打开一条缝，即可烤出表皮酥脆的面包。

将小面包放在冷却架上冷却。

小贴士

如何判断面团已经充分发酵，是面包烘焙中最为艰深的艺术之一。你可以在面团上划出几道切口或者将面团有接缝的一面朝上烘烤，以避免面团在未达到充分发酵的情况下，在烘焙中不受控制地裂开。如果面团已经发酵过度，在划出切口时面团就会塌缩。你可以将二次发酵时间缩短至 30~40 分钟，并在小面包面团上划出切口。

斯佩尔特小麦太阳花面包

无论是出于某些特殊的原因，还是搭配烧烤或作为沙拉的装饰，具有特殊
外形的斯佩尔特小麦太阳花面包总是非常吸引人。

含有燕麦片和全麦斯佩尔特小麦小面包

白芝麻和亚麻籽使得面包看起来美观有趣，同时也赋予面包独特的香味。由斯佩尔特小麦面粉烘焙而成的面包散发出柔和的香味，带来几分阳光的味道。而燕麦片使松软的面包心有嚼劲。

斯佩尔特小麦面粉富含矿物质和维生素，但是也有缺点，那就是制作的面包略干且易碎。此配方用以下方法避免了这个问题：一是将酵头进行长时间的充分发酵，二是在面团中加入了汤种。你应该小心翼翼地和面，因为斯佩尔特小麦面团很容易和面过度。

除了原料以外，斯佩尔特小麦太阳花面包还以独特的外形著称。这种外形是通过特殊的切割方法以及手工操作获得的。

按照配方的要求，你需要将面团分别放在烤箱中的两层（每层放4个面团），当然你也可以将面团的分量减半。

前期准备：	混合波兰酵头的原料，在室温（20~22℃）下发酵22小时；制作汤种，静置3~4小时
和面：	低速和8分钟，中速和2分钟，直至面团湿度适中、有弹性
主发酵：	30分钟，24℃
分割整形：	平均分成8个小面团，整为餐包形
静置：	30分钟，24℃，将面团放在发酵布上（有接缝的一面朝上）
整形：	将面团压扁（有接缝的一面朝下），用面团刮板在面团中心切3刀，将面团中间的部分翻出，用水刷面，撒上白芝麻和亚麻籽
二次发酵：	1.5小时，24℃，将面团放在烘焙纸上
烘焙：	20分钟，230℃，需要水蒸气

时间

前期准备实际耗时：	大约10分钟
前期准备总耗时：	大约22小时
烘焙当日实际耗时：	大约40分钟
烘焙当日总耗时：	大约3小时

面团信息

面团总重量：	大约945克
单个面团重量：	大约115克
面团得率：	189
面团温度：	24℃

波兰酵头

135 克	全麦斯佩尔特小麦面粉	28%	100%
135 克	水	28%	100%
0.1 克	鲜酵母	0.02%	0.07%

汤种

300 克	水	61%
50 克	630 号斯佩尔特小麦面粉	10%
10 克	盐	2%
70 克	燕麦片	14%

主面团

波兰酵头

汤种

235 克	630 号斯佩尔特小麦面粉	48%
8 克	鲜酵母	1.6%
5 克	黄油	1%
（10 克	液态大麦麦芽）	（2%）

亚麻籽和白芝麻用于撒在面团上

用勺子将酵头的原料搅拌均匀，在室温（20~22℃）下密封发酵22小时，酵头会变得松弛、布满细密的小气泡。将汤种的原料混合在一起，加热并搅拌，直到成为黏稠的糊状，继续搅拌2分钟后关火。制成的汤种需要盖好，静置3~4小时。

将主面团的原料放入厨师机中，低速和8钟，中速和2分钟，直到面团湿度适中、有弹性。

将面团放入碗中，在大约24℃下密封发酵30分钟。

将面团放在撒有面粉的工作台上，平均分割成8个小面团，整为餐包形，放在发酵布上，使有接缝的一面向上。

让小面团在大约24℃下发酵30分钟。

将每个小面团压平一些（沾有面粉的一面朝下），在每个小面团上用较薄的面团刮板或割包刀每间隔120°切一刀。

现在每个面团上有3道切口，每道切口的长度为面团直径的2/3。切口的交叉点在面团的中心，此处形成6个角。然后，提起面团的中心部分向外翻，用手指将6个角向外拉抻和按压。最终，面团的中心部分全部外翻，6个角均指向外，就像太阳散发光芒一般，而面团中心则是中空的（步骤1、2、3、4）。

在面团表面刷上水，撒上白芝麻和亚麻籽。将面团放在烘焙纸上，对面团形状进行微调，使面团的每个角更加匀称。

用保鲜膜盖住成形的太阳花面团，在大约24℃下发酵1.5小时。面团在烘焙前需达到充分发酵的状态，否则烘焙会破坏面团的形状。

烤箱预热至230℃，制造水蒸气，共烘焙20分钟。烘焙10分钟后，打开烤箱门以排出水蒸气。关上门，继续烘焙。在烘焙结束前5分钟，将烤箱门打开一条缝，即可烤出表皮酥脆的面包。

将面包放在冷却架上冷却。

小贴士

你可以在制作汤种之前，将燕麦片放入平底锅中烘烤至浅棕色，这样可以使它具有坚果般的香味。

步骤1

用较薄的面团刮板或割包刀在面团上切一刀。

步骤2

隔120°再切一刀，重复一次。完成后面团中心出现了6个角。

步骤3

从下至上或从内向外翻出这6个角。

步骤4

将6个角完全向外翻，最后使面团的形状像散发光芒的太阳。

牛奶小面包
（葡萄干小面包）

牛奶小面包总是能够唤醒人们的童年记忆：几乎没有其他任何面包比它更
适合儿童食用。薄且柔软的面包皮，松软如棉花般的面包心使得这款面包
易于食用。而微甜的口感则使它更加诱人。

含有牛奶和油脂的小麦面粉面包	在这个配方中我使用了两种制作方法，一种着重于松软的面包心，另一种则着重于面包的口感和香味。汤种作为一种面糊，可以锁住液体，使面团的含水量较高，从而优化面包心的湿度。而这个配方中的汤种不用水来制作，而是用牛奶。在冰箱中进行的长时间二次发酵，可以降低酵母的活力并增加面团的香味。同时，这个配方中的发酵方法使你只用一小时就可将新鲜可口的小面包端上早餐餐桌。
前期准备：	制作汤种时边加热边搅拌，直至浓稠，制成的汤种至少静置 3 小时
和面：	低速和 5 分钟（不加入黄油），中速和 5 分钟，中速和 8 分钟（加入黄油），直到面团紧实、光滑、有弹性
主发酵：	1 小时，24℃
分割整形：	平均分成 8 个小面团，整为餐包形，放在烘焙纸上（有接缝的一面朝下），用蛋液刷面
二次发酵：	12 小时，8~10℃，用蛋液刷面；30 分钟，24℃，再次用蛋液刷面
烘焙：	18 分钟，200℃，不需要水蒸气（有接缝的一面朝下）

时间

前期准备实际耗时：	大约 45 分钟
前期准备总耗时：	大约 14 小时
烘焙当日实际耗时：	大约 5 分钟
烘焙当日总耗时：	大约 1 小时

面团信息

面团总重量：	大约 840（940）克
单个面团重量：	大约 105（115）克
面团得率：	160
面团温度：	24℃

汤种

25 克	550 号小麦面粉	6%
125 克	牛奶（脂肪含量 3.5%）	28%

主面团

汤种			（100 克　葡萄干）		（22%）
60 克	糖	13%	8 克　盐		1.8%
145 克	牛奶（脂肪含量 3.5%）	32%	40 克　黄油		9%
425 克	550 号小麦面粉	94%			
15 克	鲜酵母	3.3%	1 个鸡蛋的蛋液用于刷面		

用打蛋器将汤种的原料搅拌均匀，放入锅中，小火加热，不断搅拌，直至混合物变成黏稠的糊状。以相同的温度继续加热、搅拌 2 分钟。此时，汤种可以与锅底分离，像粥一样黏，呈乳白色或浑浊状。盖住汤种，至少静置 3 小时。

将糖放入牛奶中溶解。将主面团除黄油以外的原料放入厨师机，低速和 5 分钟，中速和 5 分钟，得到非常紧实的面团。将黄油切成小块加入面团，中速和 8 分钟。和好的面团变得紧实、有弹性、有光泽。如果在面团中加入葡萄干，再低速和 1 分钟。

将面团放入碗中，在大约 24℃下密封发酵 1 小时。面团的体积变为原来的 2 倍。

将面团从碗中取出，放在未撒面粉的工作台上，平均分割成 8 个小面团。将小面团整为餐包形，放在烘焙纸上，使有接缝的一面朝下，用蛋液刷面。

将面团放在烘焙纸上，用保鲜膜或大的容器盖住，在 8~10℃（如冰箱冷藏室中层）的温度下密封发酵 12 小时。

烘焙当日将小面团从冰箱中取出，用蛋液刷面，在 24℃下无覆盖发酵 30 分钟，再一次用蛋液刷面。

烤箱预热至 200℃，烘焙 18 分钟。烘焙 10 分钟后打开烤箱门，将面团自身蒸发出的水蒸气排出。关上门，继续烘焙。

食用前，将小面包放在冷却架上冷却。

小贴士

你也可以选择在发酵前就分割面团，紧接着用蛋液刷面。这时，你应该用剪刀在面团表面剪出交叉的两道切口，剪刀的刀口应与面团表面垂直。

用剪刀剪出切口的小面团

下页的图片：
葡萄干小面包

普雷结碱水面包

普雷结碱水面包的烘焙是一门艺术：即使其面团的制作非常简单。无论形状完美还是略有缺憾，单独品尝还是搭配黄油，都不妨碍它成为一款美味。

小麦烘焙食品	碱水面包在德国非常受欢迎，巴伐利亚州的碱水面包和巴登－符腾堡州的外观大不相同。面包显著的不同点是面包肚的形状、面包中间镂空部分的比例以及面包独具特色的扭结方式。不仅面包形状和大小比例不同，面团的原料和发酵方式也各不相同。这些不同点都影响着面包的口感。 外形和表皮是评价碱水面包质量的重要标准。好的碱水面包，表皮光滑，颜色均匀（呈焦黄色或栗色），有细微的裂纹。
和面：	低速和 5 分钟（不加入猪油），中速和 5 分钟，中速和 10 分钟（加入猪油），直到面团紧实、有弹性
主发酵：	45 分钟，21℃
分割整形：	平分成 4 个小面团，整为餐包形，再整为橄榄形，搓成 60 厘米的长条，盘绕成结
二次发酵：	8 小时，8℃，放在烘焙纸上用发酵布盖好
浸泡：	面团在浓度为 4% 的氢氧化钠溶液中浸泡 4~5 秒
烘焙：	18 分钟，210℃，需要水蒸气

时间

前期准备实际耗时：	大约 45 分钟
前期准备总耗时：	大约 9 小时
烘焙当日实际耗时：	大约 30 分钟
烘焙当日总耗时：	大约 1 小时

面团信息

面团总重量：	大约 400 克
单个面团重量：	大约 100 克
面团得率：	152
面团温度：	20℃

主面团

250 克	550 号小麦面粉	100%
130 克	凉水	52%
3 克	鲜酵母	1.2%
5 克	盐	2%

10 克	猪油（可用黄油代替）	4%

大约 500 毫升浓度为 4% 的氢氧化钠溶液

（见最后一条小贴士）

步骤 1

将整为餐包形后的面团搓成中间粗，两头略尖的形状。

步骤 2

在短时间发酵后，将面团的"手臂"搓得更细，末端则略粗。

步骤 3

将"手臂"交叉两次：可以提到空中或者平放在工作台上进行。

将除了猪油外的主面团原料放入厨师机中，低速和 5 分钟，中速和 5 分钟，直到面团变得紧实光滑。

面团继续用中速和 10 分钟。把猪油切成小块，在和面开始 1 分钟后慢慢加入面团，面团将变得有弹性、紧实、不黏手。面团表面光滑有光泽。

将面团在 21℃下密封发酵 45 分钟。

将面团放到未撒面粉的工作台上，用面团刮板将面团平分成 4 个大约 100 克的小面团，整为餐包形，再搓成长 20 厘米的条，中间粗，两头略尖（步骤 1、2）。

将面团密封静置 10 分钟。

将所有面团都搓成 60 厘米的长条，并使面团中间部分（"肚子"）粗，两头（"两臂"）细，注意，面团的末端则应稍稍粗一些。

提起面团的两端，两端交叉，使面团的"手臂"在其中间位置交叉扭结两次。将面团的两端轻轻按在面包"肚子"到"手臂"的过渡部分上。制作完成后，把面团放在准备好的烘焙纸上，根据需要对形状进行微调（步骤 3、4）。

小贴士

每个地区的普雷结碱水面包都各不相同：巴伐利亚州的普雷结碱水面包有几乎和"肚子"一样粗的"手臂"，烘焙前不在"肚子"上划出切口，而是让其在烘焙过程中自然形成裂口；施瓦本地区的普雷结碱水面包"手臂"细，"肚子"大；巴登 - 符腾堡州的普雷结碱水面包则与以上两种完全不同，"肚子"要割包，"手臂"比巴伐利亚州的细，但是比施瓦本地区的粗，末端大小更接近"肚子"。

你还可以用做普雷结碱水面包的面团制作其他烘焙食品，比如碱水棍、碱水小圆面包等。在制作时，你可以通过提高面团的油脂含量（最多可达面粉用量的 10%）或者使用牛奶代替一部分水来改变面团的湿度和口感。

在大约8℃（可放入冰箱冷藏室中层或地下室中）下，将面团放入发酵布中盖好，发酵8小时。一定不要用保鲜膜或其他容器将面团盖住，面团的表面要保持干燥。

低温发酵后，将面团放在漏勺中，浸入浓度为4%的氢氧化钠溶液中4~5秒，至面团的表面有淡黄色的光泽。

注意！氢氧化钠溶液会迅速腐蚀器官，如皮肤、眼睛等，因此化学防护手套和护目镜是必不可少的！另外，工作台面的木质部分也会受到腐蚀。

将面团重新放在烘焙纸上（戴上手套），撒上粗粒盐。为了避免面团直接接触到烘焙石板或金属烤盘时发生反应，务必在工作中始终铺好烘焙纸。

用锋利的刀在面团的"肚子"上倾斜划出一道1~1.5厘米深的横向切口。操作过程中用另外一只手（戴上手套！）固定住面团，注意不要用力过大，以免让切口闭合。

烤箱预热至210℃，制造水蒸气，共烘焙18分钟。烘焙8分钟后，将烤箱门打开以排出水蒸气。接下来的烘焙时间中，将烤箱门打开约1厘米的缝。

在室温下，将面包放在冷却架上，趁温热时搭配黄油食用口感最佳。

小贴士

　　氢氧化钠溶液是E524食品添加剂，固体氢氧化钠是制作该溶液的必备成分。应使用密封良好的容器保存氢氧化钠，因为氢氧化钠会与空气中的二氧化碳反应形成碳酸盐，或者在潮湿环境下变成氢氧化钠溶液。制作普雷结碱水面包不能使用其他液体代替氢氧化钠溶液，否则面包的味道和外观会有明显差异。调配出浓度为4%的氢氧化钠溶液需要1000克水和40克固体氢氧化钠。注意！氢氧化钠溶解发热，因此只能将氢氧化钠加入水中，不能将水倒入放有氢氧化钠的容器中，否则热水会飞溅而出，容易烫伤人！

步骤4

　　将面团"手臂"的末端按压到"肚子"的边缘，对普雷结的形状进行微调。

小贴士

　　为了简化制作过程，可以直接将面团放在工作台上，双手各拿面团一端，将面团的"手臂"交叉两次，末端固定在"肚子"到"手臂"的过渡部分。

高级配方

黑麦混合面包

黑麦混合面包常作为日常餐包食用，散发着柔和香气的面包心和酥脆的面包皮，使得这款面包适合搭配各种面包抹酱和菜品。

使用天然酵种的黑麦混合面包	黑麦混合面包是德国的传统面包，通常由黑麦面粉和小麦面粉制作而成。这个配方中使用了斯佩尔特小麦面粉，这种面粉富含维生素和矿物质，提高了面包的营养价值，也优化了面包的口感。波兰酵头和黑麦天然酵种为面包带来浓郁的香气。
前期准备：	分别将波兰天然酵种和黑麦酵头的原料混合，放在室温（20~22℃）下发酵 20 小时
和面：	低速和 5 分钟，中速和 2 分钟，直到面团湿度适中、略黏、表面湿润有光泽
主发酵：	1.5 小时，24℃
整形：	排气，整为橄榄形
二次发酵：	30 分钟，24℃，将面团放入发酵篮中（有接缝的一面朝上）
割包：	在面团上划出一道深深的纵向切口
烘焙：	55 分钟，依次用 250℃ 和 190℃ 烘焙，需要水蒸气（有接缝的一面朝下）

时间

前期准备实际耗时：	大约 15 分钟
前期准备总耗时：	大约 20 小时
烘焙当日实际耗时：	大约 30 分钟
烘焙当日总耗时：	大约 3.5 小时

面团信息

面团总重量：	大约 975 克
单个面团重量：	大约 975 克
面团得率：	160
面团温度：	24℃

黑麦天然酵种

175 克	1150 号黑麦面粉	30%	100%
175 克	水	30%	100%
18 克	黑麦酸酵头	3%	10%

波兰酵头

175 克	1050 号小麦面粉	30%	100%
175 克	水	30%	100%
0.2 克	鲜酵母	0.03%	0.1%

主面团

黑麦天然酵种			175 克	1150 号黑麦面粉	30%
波兰酵头			12 克	盐	2%
60 克	1050 号斯佩尔特小麦面粉	10%	（12 克	液态大麦麦芽 2%）	（2%）

用勺子将天然酵种的原料搅拌均匀，放在室温（20~22℃）下密封发酵 20 小时，制得的天然酵种散发出淡淡的酸味，冒出气泡。

将酵头的原料搅拌均匀，放在室温（20~22℃）下密封发酵 20 小时。制成的酵头散发出水果的清香，表面布满气泡。

将主面团的所有原料放入厨师机中，低速和 5 分钟，中速和 2 分钟，直到主面团略黏、湿度适中、湿润、有光泽。注意，主面团的加工过程不需要额外加入水。

将面团放入碗中，在大约 24℃下密封发酵 1.5 小时。发酵完成后，面团的体积明显变大。

将面团放在撒有面粉的工作台上，按压面团，排气，再将面团整为橄榄形。这种面团的弹性和内应力较弱，因此在加工时，施加的压力也相应要小一些。

将整形完毕的小面团放入撒有面粉的发酵篮中，使有接缝的一面朝上，在 24℃下发酵 30 分钟。

在发酵即将完成时，将小面团放在烘焙纸或撒有粗粒小麦面粉的比萨板上，使有接缝的一面朝下，用手掌扫去多余的面粉。

用锋利的刀沿面团纵向中心线垂直划出一道约 2 厘米深的切口（见左图）。

烤箱预热至 250℃，制造水蒸气，共烘焙 50 分钟。烘焙 10 分钟后，打开烤箱门以排出水蒸气。将温度降至 190℃，关上门继续烘焙。在烘焙结束前 5 分钟，将烤箱门打开一条缝，即可烤出表皮酥脆的面包。

食用前，将面包放在冷却架上至完全冷却。

长面包

长面包适合与各种面包抹酱和菜品搭配食用。由于它自身的独特风味，只需搭配些许黄油，品尝起来就已经足够好吃。

使用天然酵种的小麦混合面包	简单的配方加上基本原料，往往能够制作出意想不到的好面包——说的就是这款面包没错。小麦天然酵种和波兰酵头的组合使面包具有无可替代的独特口感，酥脆的表皮和浓郁的香味使面包更具诱惑力。 尽管配方很简单，但是给面团整形、打孔、待其达到接近充分发酵的状态后推入烤箱，这一系列工作仍然需要丰富的经验才能做好。一个烘焙成功的面包切开后，截面应该是气孔大小匀称，分布均匀，面包心没有在烘焙中不受控制地撕裂。
前期准备：	分别将小麦天然酵种和波兰酵头的原料混合，在室温（20~22℃）下发酵20小时
和面：	低速和6分钟，中速和2分钟，直到面团紧实程度中等，略带黏性，表面略湿润
主发酵：	2分钟，24℃，发酵1小时后折叠一次面团
整形：	排气，整为橄榄形
二次发酵：	80分钟，24℃或2小时，22℃，将面团放入发酵篮中（有接缝的一面朝上）
割包：	在充分发酵后，用比萨滚针在面团上打孔；或在接近充分发酵的状态下划出3道横向切口
烘焙：	50分钟，依次用250℃和200℃烘焙，需要水蒸气（有接缝的一面朝下）

时间		面团信息	
前期准备实际耗时：	大约15分钟	面团总重量：	大约935克
前期准备总耗时：	大约20小时	单个面团重量：	大约935克
烘焙当日实际耗时：	大约30分钟	面团得率：	166
烘焙当日总耗时：	大约5小时	面团温度：	26℃

小麦天然酵种

150 克	1050 号小麦面粉	27%	100%
110 克	水	20%	73%
15 克	小麦酸酵头	2.7%	10%

波兰酵头

0.1 克	鲜酵母	0.02%	0.1%
100 克	1050 号小麦面粉	18%	100%
100 克	水	18%	100%

主面团

	小麦天然酵种	
	波兰酵头	
100 克	1050 号小麦面粉	18%
200 克	1150 号黑麦面粉	36%
150 克	水	27%
11 克	盐	2%

用勺子将天然酵种的原料搅拌均匀，放在室温（20~22℃）下密封发酵 20 小时。培养的天然酵种散发出淡淡的酸味，冒出气泡。

将波兰酵头的原料搅拌均匀，放在室温（20~22℃）下密封发酵 20 小时。制成的酵头散发出水果的清香，表面布满气泡。

将主面团的所有原料放入厨师机中，低速和 6 分钟，中速和 2 分钟，直到面团变得微黏、湿润有光泽、湿度适中。和好的面团能够与搅拌缸壁和底部自动分离。

将面团放入碗中，在大约 24℃ 下密封发酵 2 小时。发酵开始 1 小时后，用面团刮板折叠面团。折叠完成后，面团将变得更加紧实，呈粗糙的球形。

主发酵完成后，将面团放在撒有面粉的工作台上，让面团沾上面粉，将其整为橄榄形。

将面团放在撒有米粉的长方形发酵篮中，使有接缝的一面朝上，在 24℃ 下发酵 80 分钟（或在 22℃ 下发酵 2 小时）。

在面团即将达到充分发酵时（手指测试法，见第 229 页），将面团放在烘焙纸或撒有粗粒小麦面粉的比萨板上，使有接缝的一面朝下。将面团上多余的面粉扫去，用比萨滚针在面团表面打孔。

烤箱预热至 250℃，制造水蒸气，共烘焙 50 分钟，直至面包皮呈深棕色。烘焙 15 分钟后，打开烤箱门以排出水蒸气。将温度降至 200℃，关上门继续烘焙。在烘焙结束前 5~8 分钟，将烤箱门打开一条缝，即可烤出表皮酥脆的面包。

将面包放在冷却架上至完全冷却。理想情况下，伴着咔嚓咔嚓的声音，面包皮上将出现不规则的裂纹。

小贴士

面团发酵状态的判断需要个人经验，也需要一定的运气。烘焙有很大的不可控性，如果在面团发酵不足或者过度发酵的状态下将其推入烤箱，那么面团会在烤箱中塌缩，或者不受控制地裂开。为了避免出现这种情况，你可以选择割包这一处理方法。面团的发酵时间可缩短至规定时间的 3/4，发酵温度也可以更低一些。割包时，可划出斜向切口，也可使用叉子或者木签代替比萨滚针在面团上打孔。

花蕾面包

花蕾面包最好搭配黄油食用。虽然它与面包抹酱和菜肴搭配食用也很可口，
但后者会或多或少地削弱面包独有的口感。

使用天然酵种的黑麦混合面包	仅用面粉、水、酵母和盐制作而成的面包几乎没有更多的香味。花蕾面包的制作中不仅加入了酵头，还使用了小麦天然酵种和黑麦天然酵种。虽然这会延长准备时间，但是面包的香味会因此变得丰富细腻，由微微的水果香气过渡为柔和的酸香，直至坚果的香气。这款面包因其花蕾一般的形状而得名。
前期准备：	分别将黑麦天然酵种、小麦天然酵种和波兰酵头的原料混合，放在室温（20~22℃）下发酵 20 小时
和面：	低速和 5 分钟，中速和 3 分钟，直到面团有些黏，湿度中等，表面湿润有光泽
主发酵：	1.5 小时，24℃，发酵 45 分钟后折叠一次面团
整形：	整为球形，每隔120° 用擀面杖将面团边缘向外擀长。在擀出的部分上刷油，然后将擀出的部分折回
二次发酵：	50 分钟，24℃，将面团放入发酵篮中（有接缝的一面／面团的折边朝下）
烘焙：	50 分钟，依次用 250℃和 210℃烘焙，需要水蒸气（有接缝的一面朝上）

时间

前期准备实际耗时：	大约 20 分钟
前期准备总耗时：	大约 20 小时
烘焙当日实际耗时：	大约 30 分钟
烘焙当日总耗时：	大约 5 小时

面团信息

面团总重量：	大约 1000 克
单个面团重量：	大约 1000 克
面团得率：	163
面团温度：	26℃

黑麦天然酵种

135 克	1150 号黑麦面粉	23%	100%
135 克	水	23%	100%
14 克	黑麦酸酵头	2.3%	10%

波兰酵头

0.1 克	鲜酵母	0.02%	0.1%
95 克	1050 号小麦面粉	16%	100%
95 克	水	16%	100%

小麦天然酵种

90 克	1050 号小麦面粉	15%	100%
50 克	水	8%	55%
9 克	小麦酸酵头	1.5%	10%

主面团

黑麦天然酵种

小麦天然酵种

波兰酵头

95 克	1050 号小麦面粉	16%
180 克	1150 号黑麦面粉	30%
90 克	水	15%
12 克	盐	2%
（8 克	液态大麦麦芽）	（1.3%）

用于刷面的植物油

步骤 1

用擀面杖将面团的边缘向外擀出约10厘米。

步骤 2

每隔120° 以相同的方法将面团边缘向外擀去。

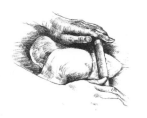

步骤 3

在擀开的部分上刷上油，再重新折回，覆盖到面团上。

用勺子分别将两种天然酵种的原料搅拌均匀。搅拌后，小麦天然酵种相对紧实，黑麦天然酵种则像液体一样黏稠。将两者放在室温（20~22℃）下密封发酵20小时。制得的天然酵种散发出淡淡的酸味，较松软。

将酵头的原料混合均匀，放在室温（20~22℃）下密封发酵20 小时。制得的酵头表面布满气泡，散发出香味。

将主面团的原料放入厨师机中，低速和 5 分钟，中速和 3 分钟，直到主面团湿度中等、有黏性、湿润有光泽。理想情况下，和好的面团能够与搅拌缸壁分离。

将面团放入碗中，在大约 24℃ 下密封发酵 1.5 小时。发酵 45 分钟后，用面团刮板在碗中折叠面团。折叠完成后，面团变得更加紧实，呈粗糙的球形。

主发酵完成后，将面团放在撒有面粉的工作台上，整为球形。

在面团上撒上面粉。用擀面杖每隔120° 将面团的边缘向外擀出 10 厘米。将面团上多余的面粉扫去，在擀长的 3 个部分上刷植物油，再将它们都折回。理想情况下，擀长的 3 个部分折回后几乎能覆盖面团（步骤 1、2、3）。

将面团放在撒有面粉的圆形发酵篮中，使有接缝的一面朝下，在 24℃ 下发酵 50 分钟。

将面团放在烘焙纸或撒有粗粒小麦面粉的比萨板上，使有接缝的一面朝上。将多余的面粉扫去。

烤箱预热至 250℃，制造水蒸气，共烘焙 50 分钟，直至面包皮呈深棕色。烘焙 10 分钟后，打开烤箱门以排出水蒸气。将温度降至 210℃，关上门，继续烘焙。在烘焙结束前 5 分钟，将烤箱门打开一条缝，即可烤出表皮酥脆的面包。沿着面包的折边会出现裂口。

将花蕾面包放在冷却架上至完全冷却。最理想的情况下，面包皮上会出现细密的裂纹，它们是在冷却阶段伴随着清脆的咔嚓咔嚓声产生的。

全谷物黑麦混合面包

除了微酸、略涩的独特口感，这款黑麦混合面包因其简单直接的制作方法
而出名。

使用天然酵种和全谷物的黑麦混合面包	混合面包的面团不能和，只能搅拌和折叠。因此，在此配方中你可以不用厨师机。 通过独特的割包技术，面包获得了极具代表性的扇叶形外观。同时，面团上的切口能使面团在烤箱内均匀地膨胀。
前期准备：	将小麦天然酵种的原料混合，放在室温（20~22℃）下发酵20小时
浸泡：	将全麦面粉和60克水混合，发酵30分钟
和面：	用木勺或手搅拌5分钟，直到面团黏性强、未成形、湿润
主发酵：	2小时，24℃，每30分钟在盆中折叠一次面团
整形：	整为球形
二次发酵：	35分钟，24℃，将面团放入发酵篮中（有接缝的一面朝上）
割包：	数道弧形切口，几毫米深，呈发射状
烘焙：	50分钟，依次用250℃和200℃烘焙，需要水蒸气（有接缝的一面朝下）

时间

前期准备实际耗时：	大约10分钟
前期准备总耗时：	大约20小时
烘焙当日实际耗时：	大约40分钟
烘焙当日总耗时：	大约4.5小时

面团信息

面团总重量：	大约1195克
单个面团重量：	大约1195克
面团得率：	171
面团温度：	26℃

小麦天然酵种

190克	1050号小麦面粉	28%	100%
160克	水	23.5%	84%
20克	小麦酸酵头	2.9%	10.5%

浸泡面团

90克	全麦面粉		13%
60克	水		8.7%

主面团

小麦天然酵种		
浸泡面团		
150克	全黑麦面粉	22%
250克	1150号黑麦面粉	37%
260克	水	38%
5克	鲜酵母	0.7%
13克	盐	1.9%

用勺子将天然酵种的原料搅拌均匀，密封放在室温（20～22℃）下发酵 20 小时。制成的天然酵种散发着淡淡的酸味，非常松软。

制作浸泡面团需要将全麦面粉与 60 克水混合均匀，密封发酵 30 分钟，在这期间面团内开始生成面筋网络。

将主面团的原料放入碗中，用木勺或者双手搅拌 5 分钟，直至混合均匀。此时，面团有黏性且不成形。在接下来的发酵阶段，通过折叠，面团将逐渐成形。

将面团在大约 24℃下密封发酵 2 小时。期间每 30 分钟（一共 3 次）用面团刮板折叠一次面团，在最后一次折叠后面团将变得更加紧实。

将面团放在撒有面粉的工作台上，大力按压，排出气体并将其整为球形。

将整形完毕的面团放在撒有面粉的发酵篮中，使有接缝的一面朝上，在约 24℃下发酵 35 分钟。

将面团放在烘焙纸或是撒有粗粒小麦面粉的比萨板上，使有接缝的一面朝下。用手扫去面团表面多余的面粉。

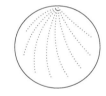

用一把锋利的刀从面团边缘的一点儿开始，在面团表面划出 5~8 道弧形的切口，切口呈发射状，深度不应超过 5 毫米（见右图）。

烤箱预热至 250℃，制造水蒸气，共烘焙 50 分钟，至面包皮呈深棕色。在烘烤 10 分钟后，打开烤箱门以排出水蒸气。将温度降至 200℃，关上门继续烘烤。烘烤结束前 5 分钟，将烤箱门打开一道缝，即可烤出表皮酥脆的面包。

将面包放在冷却架上至完全冷却。

白面包

白面包口感松软，散发出水果清香。它与甜味面包抹酱或黄油搭配食用都
非常好吃。

小麦面包	小麦面包最先从德国南部流行起来，现在它在德国各地都非常受欢迎。这种面包所用的松软的面团无论是做成吐司面包，还是不规则的小面包，都深受孩子们的喜爱。
	通常白面包的口感较清淡。经过烘烤的谷物使面包皮具有一定的香味。一款可口的白面包不应仅仅被视为面包抹酱和菜肴平淡的搭配，其本身也应有独特的口感。
	为了达到这个目的，我们可以在制作中使用酵头和天然酵种。在这个配方中，酵头（中种面团）需要经过至少3天发酵，再与小麦天然酵种一起使用。
前期准备：	将中种面团的原料混合，在6℃下发酵3天（72小时）；混合小麦天然酵种原料，在室温（20~22℃）下发酵20小时
和面：	低速和5分钟，中速和8分钟，直到面团紧实程度适中，不黏手
主发酵：	1小时，24℃，发酵30分钟后折叠一次面团
整形：	整为橄榄形
割包：	垂直划出几道横向切口
二次发酵：	70分钟，24℃，将面团放在烘焙纸上，用热水刷面
烘焙：	50分钟，依次用220℃和180℃烘焙，需要水蒸气，用热水刷面

时间

前期准备实际耗时：	大约20分钟
前期准备总耗时：	大约3天
烘焙当日实际耗时：	大约30分钟
烘焙当日总耗时：	大约4小时

面团信息

面团总重量：	大约900克
单个面团重量：	大约900克
面团得率：	157
面团温度：	27℃

中种面团

185 克	550 号小麦面粉	33%	100%
125 克	水	22.5%	68%
5 克	鲜酵母	0.9%	2.7%
4 克	盐	0.7%	2.2%

小麦天然酵种

45 克	550 号小麦面粉	8%	100%
45 克	水	8%	100%
5 克	小麦酸酵头	0.9%	11%

主面团

中种面团		
小麦天然酵种		
325 克	550 号小麦面粉	59%
145 克	凉水	26%
4 克	鲜酵母	0.7%
7 克	盐	1.3%
5 克	黄油	0.9%

小贴示

对烘焙新手来说，面团的发酵状态并不容易判断，因此我在这里推荐一个方法：在面团整形之后不要立即割包，而是在烘焙前再割包。将二次发酵的时间减少到55分钟~1小时，这样面团很可能达到接近完全发酵的状态，在烘焙时切口会开裂。

用勺子或者直接用手将中种面团的原料搅拌均匀，放在 6℃ 下（如冰箱冷藏室下层）发酵 3 天（72 小时）。制得的酵头体积明显变大，散发出浓郁的水果香气。

用勺子将天然酵种的原料搅拌均匀，放在室温（20~22℃）下密封发酵 20 小时。制得的天然酵种散发出淡淡的酸香，表面布满细密的气泡。

主面团的原料放入厨师机中，低速和 5 分钟，中速和 8 分钟，制成较为紧实且不黏的主面团。

将面团在大约 24℃ 下密封发酵 1 小时。发酵 30 分钟后，将面团放在撒满面粉的工作台上折叠一次。

发酵完成后，从盆中取出面团，在工作台上短时间按压面团，排气。将面团整为橄榄形（见左图）。

将面团放在烘焙纸上。用一把锋利的刀在面团表面垂直划出几道横向切口，深度约为 2 厘米。

用保鲜膜或大的容器盖住面团，在 24℃ 下发酵 70 分钟，直到面团充分发酵。

用热水喷或者刷在面团表面。

烤箱预热至 220℃，制造水蒸气，共烘焙 50 分钟，直至面包皮呈浅棕色。在烘焙 10 分钟后，打开烤箱门以排出水蒸气。将温度降至 180℃，关上门继续烘焙。烘焙结束前 5 分钟，将烤箱门打开一道缝，即可烤出表皮酥脆的面包。

为了让面包皮具有光泽，面包出炉后再用热水刷或者喷在面包皮上。之后将面包放在冷却架上至完全冷却。

斯佩尔特小麦全麦面包

这款面包有着柔和的坚果香气。斯佩尔特小麦赋予了这款面包很高的营养价值，以及相对全麦黑麦面包来说更为松软的面包心，这使得斯佩尔特小麦全麦面包成了最适合健康饮食的面包。

含有全麦斯佩尔特小麦面包

几年之前，斯佩尔特小麦面包在烘焙界掀起了一股热潮。在那之后的很长一段时间里，人们却遗忘了它。如今，它不仅在有机食品商店和全麦面包店受到欢迎，传统的面包店也开始销售这种面包。

从植物学的角度来讲，斯佩尔特小麦是小麦的一种，却比普通小麦含有更多的蛋白质和矿物质成分。斯佩尔特小麦能成为制作面包的优质谷物原料，不仅仅因为它较高的营养价值，还因为它可与普通小麦相媲美的烘焙特性。在制作斯佩尔特面团时一定要小心，如果和面时间较长，那就降低和面速度；而如果和面时间较短，那就加快和面速度。斯佩尔特小麦面团的湿度较差，因此需要小心翼翼和面，否则面团中就无法生成面筋网络，面包心的结构也变得松散。

这种由斯佩尔特小麦制成的全麦面包是天然酵种面包，含有浸泡过的粗磨谷粒成分。因此，面包的口感在粗磨谷粒与松软的面包心之间得到了平衡。

前期准备：

混合斯佩尔特小麦天然酵种的原料，放在室温（20~22℃）下发酵20小时；将粗磨谷粒、盐和130克沸水混合，晾凉后在6~10℃静置8小时；将斯佩尔特小麦谷粒放入260克水中煮30分钟，在即将沸腾之前打开盖子，之后待其冷却。

和面：　　低速和10分钟，中速和3分钟，直到面团紧实程度适中，略带黏性，湿润

主发酵：　1小时，24℃

整形：　　排气，整为橄榄形，放入模具中，撒上斯佩尔特全麦面粉

二次发酵：　1小时，24℃

烘焙：　　50分钟，依次用250℃和200℃烘焙，需要水蒸气

时间

前期准备实际耗时：	大约 20 分钟
前期准备总耗时：	大约 20 小时
烘焙当日实际耗时：	大约 30 分钟
烘焙当日总耗时：	大约 3.5 小时

斯佩尔特小麦天然酵种

260 克	斯佩尔特全麦面粉	33%	100%
260 克	水	33%	100%
26 克	斯佩尔特小麦酸酵头	3%	10%

热泡混合物

130 克	粗磨斯佩尔特小麦谷粒（研磨度：中）	17%
130 克	水	17%
14 克	盐	1.8%

烹煮混合物

130 克	斯佩尔特小麦谷粒	17%
260 克	水	33%

面团信息

面团总重量：	大约 1575 克
单个面团重量：	大约 1575 克
面团得率（理论值）：	196
面团温度：	26℃

主面团

斯佩尔特小麦天然酵种

热泡混合物

烹煮混合物

260 克	斯佩尔特全麦面粉	33%
6 克	鲜酵母	0.8%
100 克	水	13%

另取一些斯佩尔特全麦面粉用于撒在面团上

小贴士

　　因为斯佩尔特小麦天然酵种不常用，大多数的烘焙爱好者不一定有斯佩尔特小麦酸酵头。这种情况下，可以用小麦酸酵头代替斯佩尔特小麦酸酵头来培养斯佩尔特小麦天然酵种。另外，你也可以将黑麦天然酵种作为酸酵头使用。和培养其他天然酵种的方法相同，在培养斯佩尔特小麦天然酵种时，要不断加入斯佩尔特小麦面粉和水对其进行喂养。开始制作时使用的小麦酸酵头或黑麦酸酵头在主面团中的比例不断下降，最后几乎不会构成任何影响。从实际使用的角度来讲，你最后得到的是一块纯斯佩尔特小麦天然酵种。

用勺子将天然酵种的原料搅拌均匀，放在室温（20~22℃）下密封发酵 20 小时。制得的天然酵种体积变大，表面布满气泡。

将粗磨斯佩尔特小麦谷粒与盐用 130 克沸水冲泡，并进行搅拌。热泡混合物晾凉后，在冰箱中（6~10℃）静置大约 8 小时。

将斯佩尔特小麦谷粒放入 260 克水中，加盖，用小火加热 30~40 分钟。在煮沸前打开盖子，直到谷粒将水全部吸收。盖好盖子，将烹煮混合物静置。

将主面团的所有原料放入厨师机中，低速和 10 分钟，中速和 3 分钟。面团变得湿润，紧实程度适中，可以自动与搅拌缸壁分离。

将面团在 24℃下密封发酵 1 小时。

将变得更为紧实的面团放在撒有面粉的工作台上，通过短时间按压面团排气，将其整成橄榄形，放在烘焙纸上或者抹有一层油的吐司模（大约 22 厘米 ×10 厘米 ×9 厘米）中，在面团上撒上斯佩尔特全麦面粉。

将面团在 24℃下密封发酵 1 小时。面团的体积将增加 1/3。

将烤箱预热至 250℃，制造水蒸气，共烘焙 50 分钟。烘烤 10 分钟后，打开烤箱门以排出水蒸气。将温度降至 200℃，关上门继续烘烤。在烘焙结束前 15 分钟从模具中取出面包，进行无模具烘焙。在烘焙结束前 5 分钟将烤箱门打开一条缝，即可烤出表皮酥脆的面包。

将斯佩尔特小麦全麦面包放在冷却架上至完全冷却。

酪乳面包

一款好的面包，可以作为佐餐食品，也可以与面包抹酱或者与沙拉搭配食用。
这款乡村风味的酪乳面包以薄而脆的表皮和特别松软的面包心而出名。

含有酪乳和全麦成分的小麦混合面包

这款面包因为同时含有全麦和粗磨谷粒，十分有嚼劲。由于全谷物中富含膳食纤维、矿物质和维生素，面包也特别有营养。

酪乳与天然酵种和酵头的组合，使面包具有柔和绵软的香味。这种香味与烘烤过的葵花子的香味有着和谐的统一。这些原料都将与小麦谷粒一起放入冷泡混合物中进行浸泡。

前期准备：
将黑麦天然酵种的原料混合，放在室温（20~22℃）下发酵 20 小时；混合波兰酵头的原料，放入室温（20~22℃）下发酵 18 小时；葵花子在平底锅中烘烤；将冷泡混合物的原料混合，在 6~10℃的温度下静置 8 小时

和面：
低速和 5 分钟，中速和 8 分钟，直到面团柔软、有黏性

主发酵：
1.5 小时，24℃，发酵 30 分钟和 60 分钟后各折叠一次面团

整形：
整为球形

二次发酵：
1 小时，24℃，将面团放入发酵篮中（有接缝的一面朝上）

割包：
在面团表面划出菱形图案

烘焙：
45 分钟，依次用 250℃和 200℃烘焙，需要水蒸气（有接缝的一面朝下）

时间

前期准备实际耗时：	大约 30 分钟
前期准备总耗时：	大约 20 小时
烘焙当日实际耗时：	大约 30 分钟
烘焙当日总耗时：	大约 4 小时

面团信息

面团总重量：	大约 950 克
单个面团重量：	大约 950 克
面团得率（理论值）	183
面团温度：	24℃

波兰酵头

80 克	全麦面粉	17%	100%
80 克	水	17%	100%
0.1 克	鲜酵母	0.02%	0.13%

黑麦天然酵种

80 克	全黑麦面粉	17%	100%
80 克	水	17%	100%
8 克	黑麦酸酵头	1.7%	10%

冷泡混合物

40 克	葵花子（烘烤后）	8%
80 克	粗磨小麦谷粒（研磨度：中）	17%
160 克	酪乳	33%
10 克	盐	2.1%

主面团

	黑麦天然酵种	
	波兰酵头	
	冷泡混合物	
200 克	550 号小麦面粉	41%
40 克	全黑麦面粉	8%
80 克	酪乳	17%
5 克	鲜酵母	1%
5 克	蜂蜜	1%
5 克	黄油或猪油	1%

　　用勺子将天然酵种的原料搅拌均匀，放在室温（20~22℃）下密封发酵 20 小时。制得的天然酵种体积变大，冒出气泡。

　　用勺子将酵头的原料搅拌均匀，放在室温（20~22℃）下密封发酵 18 小时。制得的酵头散发出清香，表面布满气泡。

　　将葵花子在平底锅中烘烤（无须用油），之后冷却。

　　混合冷泡混合物的原料，放入冰箱中（6~8℃），静置大约 8 小时。

　　将主面团的原料放入厨师机中，低速和 5 分钟，中速和 8 分钟，得到的主面团柔软、有黏性。

　　将面团放入碗中，在大约 24℃下密封发酵 1.5 小时。发酵 30 分钟和 60 分钟后分别用面团刮板折叠一次面团，使面团变得更加紧实。

　　在撒有面粉的工作台上将面团整为球形。

　　将面团放在撒有面粉的发酵篮中，使有接缝的一面朝上，在 24℃下密封发酵 1 小时。

　　将面团从发酵篮中取出，放在烘焙纸或者撒有面粉的比萨板上（有接缝的一面朝下）。用锋利的刀在面团表面交叉划出切口，形成菱形图案。切口深度不能超过 5 毫米，因为此时面团正处于接近充分发酵的状态（见右图）。

　　烤箱预热至 250℃，制造水蒸气，共烘焙 45 分钟。烘焙 10 分钟后，打开烤箱门以排出水蒸气。将温度降至 200℃，关上门继续烘焙。在烘焙结束前 5 分钟，将烤箱门打开一条缝，即可烤出表皮酥脆的面包。

　　将酪乳面包放在冷却架上冷却。

麻花面包

（两种配方）

麻花面包比较细，是宴会迷你面包的最佳选择。当然，它也能作为烤肉、
浓汤和沙拉的佐餐搭配。

含有全麦成分的小麦面包 / 小麦混合面包

因为面团在冰箱里经过了整夜低温发酵，麻花面包拥有一种独特的香味。此外，这种发酵方法也能节省很多时间，在烘焙当日你只需将面团从冰箱中取出、拧，然后就可以烘焙了。一小时之后，表皮酥脆、气孔不均、内里松软并且风味独特的面包就可以摆上早餐桌了。

这个配方也可以衍生出各种各样的版本：不管是加入烤洋葱、青椒、火腿丁，还是烘焙结束之前在面团表面涂上奶酪——想象力是没有界限的！

此外，你也可以将这个基础配方略加改变，可参考配方中括号里的补充原料。加入全麦和酸奶油成分给麻花面包增添了一丝酸香，也使得面包心更加有弹性、柔软。

前期准备：	将酵头的原料混合，在室温（20~22℃）下发酵 20（或 16）小时
和面：	低速和 5 分钟，中速和 15（或 12）分钟，直到面团湿润、柔软、有黏性（或者湿润、微黏、有弹性）
发酵：	24 小时，6~8℃
分割整形：	将面团平分成两份，一起放入全黑麦面粉中拧
烘焙：	40 分钟，依次用 250℃和 180℃烘焙，需要水蒸气

时间

前期准备实际耗时：	大约 30 分钟
前期准备总耗时：	大约 44（40）小时
烘焙当日实际耗时：	大约 15 分钟
烘焙当日总耗时：	大约 1 小时

面团信息

面团总重量：	大约 995（1025）克
单个面团重量：	大约 495（510）克
面团得率（理论值）：	176（182）
面团温度：	20℃

酵头		
185 克　小麦面粉	33%	100%
（55 克　全麦面粉）	（10%）	（100%）
185 克　水	33%	100%
（45 克　水）	（8%）	（82%）
0.2 克　鲜酵母	0.04%	0.1%
（0.1 克　鲜酵母）	（0.02%）	（0.2%）

主面团	
酵头	
370 克　小麦面粉	67%
（445 克　高筋面粉 80%+	（80% +
55 克　全黑麦面粉	10%）
240 克　凉水	43%
（260 克　水 +150 克　酸奶油）	（47% + 27%）
4 克　鲜酵母（5 克　鲜酵母）	0.7%（0.9%）
11 克　盐	2%
全黑麦面粉用于滚在面团上	

步骤 1

将两个柔软的面团放到一个盛满全黑麦面粉的碗中。

步骤 2

捏住面团的两端，将面团像拧毛巾一样反向拧。

步骤 3

将扭结成形的面团放到烘焙纸上。

将酵头的原料用勺子混合均匀，在 20~22℃下发酵 20（或 16）小时，直到酵头呈黏稠液体状，表面遍布气泡。

将主面团的所有原料放入厨师机中，低速和 5 分钟，中速和 15（或 12）分钟，直到面团湿润、微黏、但已成形，能够与搅拌缸壁分离。如果配方中加入酸奶油，那么面团将变得更加紧实，和面的最后阶段，能完全与搅拌缸壁和底分离。

将面团放入一个大碗里，放入冰箱，在 6~8℃的温度下密封发酵 24 小时。在发酵的最后阶段，面团体积应至少变为原来的 2 倍。

用面团刮板小心地将面团取出，放在撒有面粉的工作台上。注意，尽可能避免气体从面团中逸出，用面团刮板将面团平分成两份。

双手小心谨慎地同时捏住两块小面团的末端，将它们都放到一个盛满全黑麦面粉的碗中（或者是大且深的盘子里），然后双手向相反方向拧面团，就像拧毛巾那样。注意，面团上不要沾太多的面粉，如果面团上有太多的面粉，就要轻轻抖掉或用手轻轻拍掉。最后，将面团放到烘焙纸上（步骤 1、2、3）。

烤箱预热至 250℃，制造水蒸气，共烘焙约 40 分钟。烘焙 10 分钟后，打开烤箱门以排出水蒸气。将温度降至 180℃，关上门，继续烘焙。烘焙结束前 5 分钟，将烤箱门打开一道缝，即可烤出表皮酥脆的面包。

将麻花面包放在冷却架上至完全冷却。

全麦吐司面包

微涩的口感是纯正的全麦面包的典型风味，而这款吐司面包则更具坚果香味。有些人还未发现自己对全麦面包的热情，对他们来说，该配方绝对值得一试。

含有酸奶的全麦面包　吐司面包永远是气孔细密、疏松柔软的，并且拥有最适合烤面包机的形状。它同样可以通过使用全麦面粉来烘焙。因此，对那些重视膳食营养，又不想同时放弃味觉享受的人而言，这款面包可谓是最理想的美味。

如果想要烤出面包心特别柔软的面包，可以在面团中加入酸奶和汤种。这样，淀粉的糊化会吸收额外的水分，面团得率也会提高，但面团的湿度不会受到影响。

吐司面包的风味由小麦天然酵种和波兰酵头带来，它们使面包具有更浓郁的香气。

前期准备：　混合波兰酵头的原料，在室温（20~22℃）下发酵 22 小时；混合小麦天然酵种原料，在室温（20~22℃）下发酵 20 小时（也可在 30℃下发酵 6 小时）；将汤种的原料加热，搅拌至浓稠，静置 3 小时

浸泡：　将浸泡面团的原料混合，低速和 2 分钟，静置 30 分钟

和面：　低速和 5 分钟，中速和 8 分钟，直到面团湿润、有弹性、紧实

主发酵：　1.5 小时，24℃

分割整形：　排气，将面团分成两半，整为橄榄形，拧在一起

二次发酵：　2.5 小时，24℃，放入吐司模具中，在烘焙之前用热水刷面

烘焙：　45 分钟，依次用 250℃和 200℃烘焙，制造水蒸气，面包出炉后用热水刷面

时间		面团信息	
前期准备实际耗时：	大约 30 分钟	面团总重量：	大约 1210 克
前期准备总耗时：	大约 22 小时	单个面团重量：	大约 1210 克
烘焙当日实际耗时：	大约 40 分钟	面团得率（理论值）：	183
烘焙当日总耗时：	大约 6 小时	面团温度：	26℃

小麦天然酵种

120 克	全麦面粉	19%	100%
100 克	水	15.5%	100%
12 克	小麦酸酵头	1.9%	10%

波兰酵头

120 克	全麦面粉	19%	100%
120 克	水	19%	100%
0.1 克	鲜酵母	0.02%	0.08%

汤种

20 克	全麦面粉		3%
95 克	水		15%
11 克	盐		1.7%

浸泡面团

	小麦天然酵种	
	波兰酵头	
	汤种	
370 克	全麦面粉	59%
200 克	酸奶（纯）	31%

主面团

	浸泡面团	3%
12 克	植物油	1.9%
35 克	蜂蜜	5.5%

　　分别将酵头和天然酵种的原料用勺子混合均匀，在室温（20~22℃）下分别发酵 20 小时和 22 小时（如果要制作味道非常清淡的天然酵种，则将其在 30℃下发酵 6 小时），酵头和天然酵种在充分发酵之后散发出香气，表面布满气泡，体积也明显变大。

　　将汤种的原料用打蛋器混合均匀，小火加热并不断搅拌，直至浓稠。将混合物继续用小火加热 2 分钟，之后汤种可与锅底部分分离，呈黏稠的糊状，颜色在乳白色至亮白色间。将汤种盖好，至少静置 3 小时。

　　将浸泡面团的原料放入厨师机中，低速和 2 分钟，接着盖好静置 30 分钟。在这期间面团内部将生成面筋网络，否则无法和面。

　　将主面团的所有原料放入厨师机中，低速和 5 分钟，中速和 8 分钟，直到制成湿润、有弹性且紧实的面团。此时面团能够与搅拌缸壁完全分离，部分粘在搅拌缸底。

　　将面团放入一个大碗里，在 24℃下密封发酵 1.5 小时。

小贴士

你也可以将面团不放入模具，直接烘焙。这种情况下应将面团整为球形，使有接缝的一面朝上，放入撒有面粉的发酵篮中发酵2小时。之后，将面团放在烘焙纸或者撒有粗粒小麦面粉的比萨板上，使有接缝的一面朝下。烘焙之前在面团上用锋利的刀划出多道约1厘米深的切口。

用面团刮板小心地将面团转移到撒有面粉的工作台上，快速按压，排气。用面团刮板将面团分成两半，将小面团搓成长条，长度均为吐司模具（规格22厘米×10厘米×9厘米）长度的1.5倍。把两个面团拧在一起，放在铺有烘焙纸或者刷上油的吐司模具中并盖好。

面团在24℃下发酵2.5小时，体积会变为原来的2倍。将面团用热水刷面。

将面团放入预热至250℃的烤箱，制造水蒸气，共烘焙45分钟。烘焙10分钟后，打开烤箱门以排出水蒸气。将温度降至200℃，关上门，继续烘焙。在烘焙结束前15分钟取出面包，进行无模具烘焙。烘焙结束前5分钟，将烤箱门打开一道缝，即可烤出表皮酥脆的面包。

用水再次给糕点刷面，将其放在冷却架上冷却。

地中海面包

地中海面包香气浓郁，面包心柔软有弹性，面包皮有嚼劲，可以在夏日烧
烤聚会时或作为简餐食用。

含有全麦成分和橄榄油的小麦混合面包

尽管德国被看作是面包种类繁多的国家，但在法国、意大利等受地中海饮食方式影响的国家，也有着丰富的面包文化。虽然那些国家主要烘焙由小麦面粉制成的白面包，但是面包不同的形状和迥异的配方也令人眼花缭乱。地中海面包就是这样一款拥有粗大的气孔和富有嚼劲的面包皮的小麦面包。烘焙后，面包皮的烘焙风味物质会渗透到整个面包心，从而产生一种无与伦比的独特味道。酵头和天然酵种给面包增添了一丝果香，少量的全麦面粉也使得面包更具田园风味。

因为面团非常柔软，所以在制作过程中要求面包师具有一定的经验或勇气。在烤箱中，圆面团会先横向膨胀，然后逐渐形成理想的形状。

前期准备： 分别将小麦天然酵种和波兰酵头的原料混合，在室温（20~22℃）下发酵20小时

和面： 低速和10分钟（不加入橄榄油），中速和15分钟（加入橄榄油），直到面团湿润、柔软、微黏、有弹性

主发酵： 3小时，24℃，在发酵1.5小时、2.5小时后各折叠一次面团

整形： 小心地整为球形

二次发酵： 50分钟，24℃，放入发酵篮中（有接缝的一面朝上）

割包： 划出3道横向切口，1厘米深

烘焙： 50分钟，依次用250℃和230℃烘焙，需要水蒸气，（有接缝的一面朝下）

时间		面团信息	
前期准备实际耗时：	大约20分钟	面团总重量：	大约815克
前期准备总耗时：	大约20小时	单个面团重量：	大约815克
烘焙当日实际耗时：	大约50分钟	面团得率（理论值）：	182
烘焙当日总耗时：	大约5.5小时	面团温度：	26℃

小麦天然酵种

30 克	全麦面粉	7%	100%
30 克	水	7%	100%
3 克	小麦酸酵头	0.7%	10%

波兰酵头

100 克	1050 号小麦面粉	23%	100%
100 克	水	23%	100%
0.1 克	鲜酵母	0,02%	0.1%

主面团

小麦天然酵种

波兰酵头

80 克	1050 号小麦面粉	18%
165 克	550 号小麦面粉	37%
65 克	1150 号黑麦面粉	15%
220 克	水	50%
5 克	鲜酵母	1.1%
8 克	盐	1.8%
10 克	橄榄油	2.3%

分别将天然酵种和酵头的原料用勺子混合均匀，在室温（20~22℃）下发酵 20 小时。

将除橄榄油外主面团的原料放入厨师机中，低速和 10 分钟，再加入橄榄油，中速和 15 分钟。此时的面团非常柔软，但是紧致有弹性，表面非常光滑。

将面团放入碗里，在 24℃ 下密封发酵 3 小时。在发酵 1.5 小时、2.5 小时后分别用面团刮板将面团从边缘向中间折叠一次。

用面团刮板小心地将面团转移到撒有面粉的工作台上，双手蘸些面粉，将面团整为球形。注意，尽可能避免气体从面团中逸出。经过排气，面团变得更加紧实，不易变形。只有当面团略粘工作台时才能达到上述效果，因此不要在工作台上撒过多的面粉。当面团完全粘在工作台上，无法分离时，你可以在工作台上撒少许面粉，再用橡皮刮刀使面团与工作台分离。

用沾有面粉的双手（手心朝上），或者用两块宽的面团刮板从两侧托住面团，将其移到撒有面粉的发酵篮中，使有接缝的一面朝上。

将面团在 24℃下发酵 50 分钟，充分发酵后的面团体积应至少增大 1/3。

将面团放到烘焙纸或撒有粗粒小麦面粉的比萨板上，使有接缝的一面朝下。用锋利的刀垂直划出 3 道大约 1 厘米深的横向切口。注意，割包时要快速而精准，以免面团因为受力而向两边拉长（见右图）。

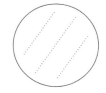

将面团放入预热至 250℃烤箱，制造水蒸气，共烘焙 50 分钟。烘焙 10 分钟后，打开烤箱门以排出水蒸气。将温度降至 230℃，关上门，继续烘焙。烘焙结束前 5 分钟，将烤箱门打开一条缝，即可烘焙出表皮酥脆的面包。

将面包放在冷却架上冷却。

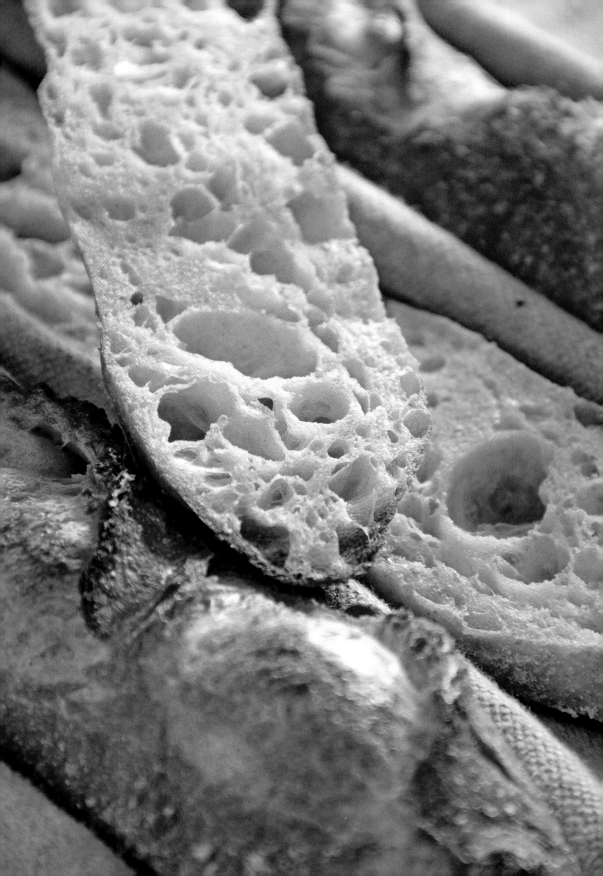

传统法棍

法棍因有大裂口、有嚼劲的面包皮和浓香并有微酸果味的面包心而深受欢迎。涂上一些黄油或者软奶酪，法棍更会给人带来无可比拟的味觉享受。

小麦面包	法棍的面团仅仅由面粉、水、盐和酵母制成。波兰酵头和持续发酵两天的面团使法棍拥有多层次的丰富口感。这款面包的特征是粗大的气孔和柔软而有弹性的面包心。面包皮占法棍很大的一部分，在烘焙之后，面团表面的烘焙风味物质会渗入整个面包心。面包皮上斜向的大裂口是法棍的典型特点。 虽然法棍面团的水的烘焙百分比高达 67%，但其中生成了足够的面筋网络，因此对其进行加工并不难。要想均匀地割包，你则要多加练习。
前期准备：	混合波兰酵头原料，在室温（18~22℃）下发酵 22 小时
浸泡：	将波兰酵头、面粉和水混合，低速和 5 分钟，静置 30 分钟
和面：	中速和 5 分钟，直到面团紧实、均匀、微黏
主发酵：	1 小时，20~22℃，发酵 30 分钟和 1 小时后分别折叠一次面团；在 4~6℃下发酵 40~42 小时，发酵 24 小时后折叠一次面团；在 24℃下静置 1 小时
整形：	将面团平均分成 3 份，整为圆柱体，静置 15 分钟，再整为法棍形
二次发酵：	30 分钟，24℃
割包：	倾斜划出 3 道较浅的斜向切口
烘焙：	20~25 分钟，依次用 250℃和 230℃烘焙，需要水蒸气

时间

前期准备实际耗时：	大约 30 分钟
前期准备总耗时：	大约 62 小时
烘焙当日实际耗时：	大约 30 分钟
烘焙当日总耗时：	大约 1.5 小时

面团信息

面团总重量：	大约 720 克
单个面团重量：	大约 240 克
面团得率（理论值）：	167
面团温度：	20℃

波兰酵头

135 克	550 号小麦面粉	32%	100%
135 克	水	32%	100%
0.1 克	鲜酵母	0.02%	0.07%

浸泡面团

波兰酵头		
290 克	550 号小麦面粉	68%
150 克	水	35%

主面团

浸泡面团

3 克	鲜酵母	0.7%
9 克	盐	2.1%

步骤 1

将面团整为圆柱体。用指尖将面团距身体较远的一端向身体方向卷起，然后将接缝按压紧实。

步骤 2

再将面团距身体较远的一端（上一步形成的边缘）向身体方向卷起，然后压实接缝。继续重复该步骤，直至面团完全卷起。

步骤 3

将面团稍稍压平，左手大拇指放在小面团右侧短边中间，然后将面团对折。

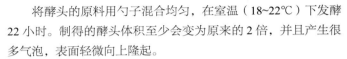

将酵头的原料用勺子混合均匀，在室温（18~22℃）下发酵 22 小时。制得的酵头体积至少会变为原来的 2 倍，并且产生很多气泡，表面轻微向上隆起。

将浸泡面团的所有原料放入厨师机中，低速和 5 分钟，制成一个紧实程度中等的面团。

盖住面团，静置 30 分钟。在此期间，面团内会生成面筋网络。

将盐和酵母加入浸泡面团中，中速和 5 分钟，直到形成湿度适中、均匀且微黏的主面团。

让面团在 20~22℃的温度下发酵 1 小时。分别在发酵 30 分钟后和 1 小时后，用面团刮板将面团从四周向中心多次折叠。

让面团在 4~6℃的温度下（比如放入冰箱冷藏室的底层）密封发酵 40~42 小时。发酵 24 小时后，用面团刮板将面团从四周向中心多次折叠，同时排气，最终得到紧实的面团。

烘焙当日，将面团在 24℃下静置 1 小时，待面团回温。

用面团刮板小心地将面团取出，放到撒有面粉的工作台上，这时应尽可能地避免气体从面团中逸出。

用面团刮板将面团平均分成 3 份。将面团放在工作台上，使其短边与身体相平行。

用手指抓住小面团距身体较远一端的短边，向身体方向卷起，并压实接缝。需要注意的是，只需将接缝压实，而不要将卷起的那部分面团压实。在这个过程中应该尽可能地避免气体从面团中逸出。重复这一步骤，直到将整个小面团卷成圆柱体，通常卷 2~3 次就足够了（步骤 1、2）。

将面团放在撒有面粉的发酵布上，使有接缝的一面朝上，盖好，静置 15 分钟。

将面团从发酵布上拿下来，接缝朝上放到撒有薄薄的一层面粉的工作台上，使面团长边平行于身体，依次排列。将每个面团轻轻压平。左手大拇指沿长边放在面团右侧短边中间，先将面团对折，盖住大拇指，再用右手的大鱼际将面团前移并压实。注意，在按压的时候只需将接缝压实而不要将整个面团压实。拇指一点儿一点儿向面团左侧移动，始终将面团对折并盖住拇指，然后压实。接着，将面团在工作台上旋转180°（现在接缝处于距身体较远的一边），然后重复上述步骤。面团的表面应该更为紧致，并且面团变得更长。最后，将面团像之前一样从右至左对折一次，这次将面团的上下两部分沿长边压实，得到一条平滑的接缝（步骤3、4、5）。

双手平放于已经成形的面团上，将面团搓成30~35厘米长的长棍形，两端搓尖（步骤6）。

面团成形后，放在撒有面粉的发酵布上，有接缝的一面朝上。将面团盖好，在大约24℃下发酵30分钟。不要将3个面团紧挨着摆放在发酵布上，而要将发酵布折出褶子以隔开面团。将周围的发酵布往回折，盖住所有面团。

用法棍转移板将面团从发酵布上转移到烘焙纸或撒有粗粒小麦面粉的比萨板上，使有接缝的一面朝下，扫去面团上多余的面粉。用弧形割包刀（或弯曲瓦剃须刀片）在面团表面划出3道平行的斜向切口，每两道切口平行重叠的部分约为它们长度的1/3（步骤7）（见右图）。

烤箱预热至250℃，制造水蒸气，共烘焙20分钟。烘烤10分钟后，打开烤箱门以排出水蒸气。关上门，继续烘烤。面包散发出香味后，将温度降至230℃。烘焙结束前5分钟，将烤箱门打开一条缝，即可烤出表皮酥脆的面包。

法棍放在冷却架上完全冷却再食用。

步骤 4

用右手的大鱼际将折起的面团边缘往前推，再轻轻压实接缝。反复对折和按压，直到面团完全折起来。将面团旋转180°，再次从右向左对折和按压面团。

步骤 5

第三次从右向左对折和按压面团，这次将面团的接缝按压紧实。

步骤 6

用双手将长而紧实的面团搓成长棍形。

步骤 7

用弧形割包刀倾斜割包。

长条面包

长条面包的特点是它那让人想起法棍、颇具田园风情的外表，以及香味浓郁、气孔细密的面包心。

酵头中加入了陈面包的小麦混合面包	在这个配方中，我们将加入陈面包来制作酵头。陈面包这种已经干硬的面包通常只会被丢到垃圾桶里或当作肥料使用。在新一轮烘焙中，我们可以对因为烘焙过度或者放置过久而变干的面包进行有意义的再利用，比如将它们磨碎，代替面粉加入酵头。一方面，这些陈面包放到水里会迅速膨胀，吸收保存水分；另一方面，它们会将面团烘烤后的香味和原面包的风味带给新的面包。使用陈面包还有一个优点是，做出的面包保鲜时间更长。因为酵头和天然酵种的共同作用，这款面包有着芳香微酸的风味。面积比较大的面包皮具有丰富的烘焙风味物质，这也是这款面包拥有着独特风味的原因之一。
前期准备：	将陈面包磨碎；混合酵头的原料，在冰箱中（4~6℃）发酵 72 小时（3 天）；混合黑麦天然酵种的原料，在室温（20~22℃）下发酵 20 小时
和面：	低速和 5 分钟，中速和 5 分钟，直到面团不黏、紧实、有弹性
主发酵：	1.5 小时，24℃，每 30 分钟折叠一次面团（一共 2 次）
分割整形：	将面团平均分成 5 份，整为两头尖尖的长条
二次发酵：	30 分钟，24℃，放在发酵布上（有接缝的一面朝上）
割包：	倾斜划出 3 道斜向切口
烘焙：	20 分钟，依次用 250℃和 230℃烘焙，需要水蒸气（有接缝的一面朝下）

时间

前期准备实际耗时：	大约 20 分钟
前期准备总耗时：	大约 3 天
烘焙当日实际耗时：	大约 30 分钟
烘焙当日总耗时：	大约 3 小时

面团信息

面团总重量：	大约 650 克
单个面团重量：	大约 130 克
面团得率（理论值）：	163
面团温度：	26℃

酵头

40 克	陈面包	10%	50%
40 克	550 号小麦面粉	10%	50%
80 克	水	20%	100%
0.6 克	鲜酵母	0.2%	0.8%

黑麦天然酵种

40 克	1150 号黑麦面粉		10%
40 克	水		10%
4 克	黑麦酸酵头		1%

主面团

酵头		
黑麦天然酵种		
210 克	550 号小麦面粉	55%
60 克	1150 号黑麦面粉	15%
125 克	水	32%

5 克	鲜酵母	1.3%
7 克	盐	1.8%

用于滚在面团上的 1150 号黑麦面粉

步骤 1

将面团整为圆柱体，用指尖将面团距身体较远的一端向身体方向卷起，然后将接缝按压紧实。

步骤 2

再将面团距身体较远的一端（上一步形成的边缘）向身体方向卷起，然后压实接缝。继续重复该步骤，直至面团完全卷起。

小贴士

你也可以沿面团纵向中心线划出一道较深的切口，经过烘焙，面包会拥有欧式面包的传统裂口。将它放入装着有 3 道斜向裂口面包的篮中，它也会是一种诱人的选择。

将陈面包放入食品料里机中磨碎后，与酵头其余的原料混合均匀，放入冰箱冷藏室底层（4~6℃）密封发酵 72 小时（3 天）。制得的酵头布满气泡，闻起来有果香味。

将天然酵种的原料混合，在室温（20~22℃）下发酵 20 小时。制得的天然酵种产生很多气泡，并且体积至少变为原来的 2 倍。

将主面团的原料放入厨师机中，低速和 5 分钟，中速和 5 分钟，直到面团紧实且不黏手，能够完全与搅拌缸壁分离。

将面团在 24℃下密封发酵 30 分钟后，放在撒有面粉的工作台上进行折叠。再发酵 30 分钟，再次折叠面团。再发酵 30 分钟，这次发酵结束后不再折叠面团，以防发酵产生的气体逸出。

用面团刮板将面团平分成 5 份，然后小心地用手拿起一个小面团的一端，将面团向身体方向卷起。在这过程中需要注意，尽可能避免气体从面团中逸出（步骤 1、2）。接着将面团放入撒有全黑麦面粉的发酵布中发酵 10 分钟。

用双手将面团搓为大约 30 厘米长，两头尖尖的细长条。将面团放在撒有全黑麦面粉的发酵布中，使有接缝的一面朝上，在 24℃下发酵 30 分钟。

用法棍转移板将面团转移到烘焙纸上，使有接缝的一面朝下。用锋利的刀或剃须刀片倾斜划出 3 道浅浅的斜向切口，切口互相平行，每两道切口平行重叠的部分都是切口长度的 1/3（见下图）。

烤箱预热至 250℃，制造水蒸气，共烘焙 20 分钟。烘烤 10 分钟后，打开烤箱门以排出水蒸气。这时，面包散发出香味。将温度降至 230℃，关上门继续烘烤。烘焙结束前 5 分钟，将烤箱门打开一条缝，即可烤出表皮酥脆的面包。

将长条面包放在冷却架上至完全冷却。

黑麦小面包

黑麦小面包拥有微酸的味道，可以搭配各种香肠、奶酪食用，当然也可以
搭配甜味面包抹酱。

**含有粗磨谷粒成分的
黑麦混合小面包**

独特的三角形使这款黑麦小面包具有很强的装饰性。它的面团非常柔软，
因此对手工和面的要求较高。

黑麦天然酵种和黑麦粗磨谷粒是赋予这款面包独特风味的主要原因。极少
量的小麦面粉会在制作浸泡面团时被混入面团，生成一部分面筋网络。因
此，以黑麦面粉为主要原料的面团如果未经充分和面，面筋网络将无法在
面团中充分生成。

前期准备： 混合黑麦天然酵种的原料，在室温（20~22℃）下发酵 20 小时；混合冷泡
混合物的原料，在 6~10℃的温度下至少浸泡 8 小时

浸泡： 将小麦面粉和 65 克水混合，静置 30 分钟

和面： 低速和 10 分钟，中速和 2 分钟，直到面团中等紧实至柔软、湿润、不黏手

主发酵： 1.5 小时，24℃，发酵 1 小时之后，进行短时间和 / 搅拌

整形分割： 将面团整为长方形（大约 25 厘米 ×15 厘米），平分成 8 个三角形的小面团

二次发酵： 1 小时，24℃，放在撒有面粉的发酵布上

整形： 将两个三角形面团的任意两条边捏在一起，用面团刮板在新的菱形面团中
间压出凹痕

烘焙： 25 分钟，230℃，需要水蒸气

时间

前期准备实际耗时：	大约 20 分钟
前期准备总耗时：	大约 20 小时
烘焙当日实际耗时：	大约 40 分钟
烘焙当日总耗时：	大约 4 小时

面团信息

面团总重量：	大约 800 克
单个面团重量：	大约 100 克
面团得率（理论值）：	169
面团温度：	26℃

黑麦天然酵种

150 克	1150 号黑麦面粉	33%	100%
120 克	水	27%	80%
15 克	黑麦酸酵头	3.3%	10%

冷泡混合物

75 克	黑麦粗磨谷粒	17%	100%
75 克	水	17%	100%
9 克	盐	2%	0.13%

浸泡面团

100 克	550 号小麦面粉	22%
65 克	水	18%

主面团

黑麦天然酵种		
冷泡混合物		
浸泡面团		
125 克	1150 号黑麦面粉	28%
35 克	水	8%
4 克	鲜酵母	0.9%
4 克	黄油	0.9%
（10 克	液态大麦芽）	（2.2%）

　　将天然酵种的原料用勺子混合均匀，在室温（20~22℃）下发酵 20 小时。充分发酵之后，天然酵种变得非常膨松，体积明显增大。

　　混合冷泡混合物的原料，在 6~10℃ 的温度下至少浸泡 8 小时。

　　将小麦面粉和 65 克水混合搅匀，密封静置 30 分钟，在这一过程中面筋网络开始生成。

　　将主面团的原料放入厨师机中，低速和 10 分钟，中速和 2 分钟，直到面团中等紧实或柔软、湿润、有黏性，不能与搅拌缸壁分离。

　　将面团放入碗中，在 24℃ 下密封发酵 1.5 小时。发酵 1 小时后用木勺多次搅拌面团，或将其放入厨师机中低速和 1 分钟。

　　将面团放在撒有面粉的工作台上，制作成一个厚 2 厘米，长 25 厘米，宽 15 厘米的长方体。用面团刮板沿面团长边将面团平分为两半，每一半再平均分割成 4 个同样大小的三角形。将小面团有面粉的一面朝下，放到撒有黑麦面粉的发酵布上，在 24℃ 下盖好发酵 1 小时。

　　用双手小心地翻转面团，使有面粉的一面朝上，放到烘焙纸上。将每两个三角形面团的任意一条边捏在一起。面团刮板垂直于三角形面团相接的一边，在面团中间压出较深的凹痕（如右图）。

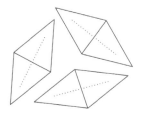

　　烤箱预热至 230℃，制造水蒸气，共烘焙 25 分钟。烘烤 10 分钟后，打开烤箱门以排出水蒸气。关上门，继续烘焙。烘焙结束前 5 分钟，将烤箱门打开一条缝，即可烤出表皮酥脆的面包。

　　面包在食用之前，放在冷却架上至完全冷却。

黑面包

黑面包不仅仅因为它长方体的形状和如同名字一般呈深色的面包心而闻名，
还因为它是一款主要由粗磨黑麦谷粒烘焙的、营养丰富的面包。

粗磨黑麦谷粒面包　黑面包含有很多对人体健康大有裨益的膳食纤维，并且可以保存很长的时间：面包心在保存 2 周之后仍然香甜柔软，散发着香味。

要想使面包心拥有这样的特性，制作过程尤为重要：要对面团进行长达 80 分钟的低温烘焙。

在这个配方中，我们加入了一些烘烤过的陈面包，这使黑面包拥有了浓郁的香味，也有利于面包的长期保鲜。此外，我们可以通过这种方式有效利用那些烘焙过度的面包，而不是把它们直接丢进垃圾桶。

前期准备：　将黑麦天然酵种的原料混合，慢慢搅拌 20 分钟，然后在室温（20~22℃）下发酵 20 小时；将粗磨黑麦谷粒和盐用 320 克沸水冲泡，晾凉后在 6~10℃保存 8 小时；将陈面包磨碎后烘烤

和面 I：　低速和 20 分钟（不加入酵母）

主发酵：　30 分钟，26℃

和面 II：　低速和 20 分钟（加入酵母），直到面团湿润、有黏性

整形：　将面团整为橄榄形，滚上燕麦片

二次发酵：　60~70 分钟，26℃，放入吐司模中

烘焙：　80 分钟，依次用 250℃和 180℃烘焙，需要水蒸气

时间		面团信息	
前期准备实际耗时：	大约 30 分钟	面团总重量：	大约 2020 克
前期准备总耗时：	大约 20 小时	单个面团重量：	大约 2020 克
烘焙当日实际耗时：	大约 50 分钟	面团得率（理论值）：	174
烘焙当日总耗时：	大约 4 小时	面团温度：	28℃

黑麦天然酵种

380 克	粗磨黑麦谷粒（研磨度：中）	34%	100%
380 克	水	34%	100%
38 克	酸酵头	3.4%	10%

热泡混合物

320 克	粗磨黑麦谷粒（研磨度：中）	29%
10 克	盐	0.9%
320 克	水	29%

主面团

40 克	陈面包	3.6%
黑麦天然酵种		
热泡混合物		
270 克	粗磨黑麦粒（研磨度：中，精磨最佳）	24%
100 克	粗磨小麦谷粒（研磨度：中，精磨最佳）	9%
120 克	水（大约 45℃）	8%
12 克	鲜酵母	1.1%
10 克	盐	0.9%
20 克	糖浆	1.8%
碾碎的粗燕麦片用于滚在面团上		

将天然酵种的原料用厨师机低速或一把勺子搅拌 20 分钟，这时原料紧密地结合为一个整体，接着在室温（20~22℃）下发酵 20 小时。制得的天然酵种体积有所增大，但这种效果在粗磨谷粒制成的天然酵种中并不明显。

将盐和 320 克粗磨黑麦谷粒用 320 克的沸水冲泡，搅拌均匀。热泡混合物晾凉后，放入冰箱中（6~10℃）静置 8 小时。

将陈面包放到食品料理机中捣碎，放入平底锅上烘烤（无须用油），之后冷却。

将除酵母以外的主面团原料放入厨师机中，低速和 20 分钟，也可用勺子搅拌。

将面团在 26℃下密封发酵 30 分钟。

在面团中加入酵母，低速和 20 分钟，使粗磨谷粒充分涨大。

将面团放在刷了水的工作台上，打湿双手，将面团搓成长条，滚上燕麦片，放入铺有烘焙纸的吐司模中（约 22 厘米 × 10 厘米 × 9 厘米）。

将面团在 26℃下密封发酵 60~70 分钟，这期间面团的体积明显增大，达到充分发酵状态。

烤箱预热至 250℃，制造水蒸气，共烘焙 80 分钟。烘烤 10 分钟后，打开烤箱门以排出水蒸气。将烤箱温度降至 180℃，关上门，继续烘焙。烘焙结束前 15 分钟，将面包脱模，继续烘焙。

面包在食用之前，放在冷却架上至完全冷却。用柔软的布包裹住，在室温下静置至少一日，两日口味更佳。

烘焙基础知识

什么样的面包才算是好面包？

优质的面包完全选用天然的原料制作，能够散发出独特的香味，拥有迷人的外表。此外，它的面包皮和面包心也非常有特点。

> 除了精心选择四种必备的原料——面粉、水、盐和酵母（或者天然酵种）以外，制作优质面包的秘诀还在于控制时间。面团发酵的时间越长，所需的酵母就越少，面包的口感也就越丰富。

因此，要想烘焙出优质的面包，就应在制作过程中注意以下一个或几个因素：

→　酵头
→　天然酵种
→　酵母
→　发酵时间

面包皮和面包心

面包皮能使面包保持新鲜，香味持久，还能防止细菌滋生。在烘焙之后，面包皮的风味物质便会渗透到柔软的面包心中，即面包的内部。这使得面包的口感更富有层次感。好面包刚出炉时总会沙沙作响，因为这个时候，烤得酥脆的热面包皮正在变凉收缩。随后，面包皮上就出现一道道细微的裂纹，在整个面包皮上形成一张网。这是判断面包品质的一个重要特征。

面包心应该富有弹性，如果用手指轻轻按压，可以快速回弹。至于面包心是细腻还是粗糙，其上的气孔分布均匀与否，则取决于面包

的种类和个人的口感偏好。

面包切开后，你不妨凑近闻一闻。如果面包散发出宜人的水果清香或香料芬芳，伴有温和或淡淡的酸味，并且使你想咬一口，那么恭喜你，面包烘焙成功了。如果面包闻上去有霉烂、刺鼻、毫不新鲜的味道或者浓烈的酵母味，那么这就说明面包有问题了。若是买来的面包，你应该要求退货；若是自己烘焙的，你就要好好检查一下自己的烘焙过程了。

经验和实践

烘焙面包并非易事，但也并不复杂。如果你想烘焙出可口的面包，就应该牢记并遵循以下几条建议。

合理安排时间

面团有较长且固定的发酵时间。所以，你必须提前计划好，最晚在什么时候将面团制作好。这样你才能控制好时间，准时将烤好的面包从烤箱中取出。

原料用量要精确

请务必严格遵守配方中各原料的用量规定。鉴于所有原料的用量都是以面粉用量为参照标准的，所以先要准确地称量面粉。即使对其他一些原料（比如酵母和盐）的用量仅做了微小调整，所制作出的面团也会与配方要求的有所不同。只有对所有原料进行准确称量，按配方操作，才有可能制作出理想的面包。注意，在和面的时候，先只添加配方要求用水量的 90% 左右，如果面团过硬，再少量、逐步加入剩下的水。

耐心等待

烘焙面包可少不了耐心等待。在面包的制

左图：面包切面，能看到面包心上的气孔（小麦混合面包Ⅱ号，见第 48 页）

作过程中，制作面团耗时最长，我们必须等待面团中生成发酵气体以及面团完成发酵。发酵对面团来说极其重要，这直接关系到它之后能否成为一个质量上乘的面包。仅制作酵头就需要约 24 小时，虽然烘焙时你真正的工作时间并不算多，但从称量原料到面包的最终出炉，很多时候需要整整一天、两天甚至四五天。

灵活调整配方

除了确保原料用量精确，做好计划，拥有足够的耐心，烘焙爱好者还要灵活调整配方。对烘焙而言，每一次都是不一样的，天气状况或者烘焙者的心情都会不同。烘焙的艺术则在于能够观察和把握这些不断变化的条件。与夏天相比，面团在冬天需要较长的发酵时间（也可以增加酵母的用量）。在夏天你会发现，面团的发酵时间和配方里所说的不太一样，有时仅仅过了半小时，面团就已经充分发酵，可以放入烤箱了。制作面团时要灵活机动，可以对原料的用量进行适当的调整，也可以合理地调整制作步骤。

发挥你的创造力

面包的种类可谓数不胜数。根据德国面包贸易协会的统计，仅在德国就有 3000 多种面包。你的创造力在这片天地中可以自由发挥。从原料的选用，到和面，再到整形、割包以及烘焙——除了面包制作，没有人能在其他领域用如此少的原料魔法般地制作出如此丰富多样的食物了。

全心投入

一旦你开始了面包烘焙，我想你很快就会着迷。和面、整形和烘焙背后，还蕴藏着更多的秘密。这门手艺建立起我们生活的基础。面包制作集人生命中的四大基本元素于一体：水（基本原料）、土地（粮食和盐）、空气（面团发酵的关键）以及火（烘焙）。虽然面包烘焙逐步实现了机械化，但它依然是最原始和传统的手工艺之一。一旦意识到这点，每一次你从烤箱中取出刚烤好的面包都是一种全新的体验。

一步一步，按部就班

面包烘焙中，有很多步骤需要重复多次，这样做的目的很简单：制作出优质的面包。依据面包的特性不同，制作过程中会相应增添或跳过某些步骤。本书从第 204 页起将会对各步骤进行详细的说明。

准备

烘焙当日之前进行的所有工作都统称为准备工作，比如制作酵头、喂养天然酵种、准备好厨房等。

浸泡

在许多配方中烘焙当日的第一道工序就是浸泡原料。该步骤非常重要，因为只有充分混合面粉和水，才能开始加工面团，并最终制作出膨胀松软且香气扑鼻的面包。浸泡原料是和面阶段的第一步，同时也是最慢的一步。

和面

和面是面包心形成良好结构的关键。面粉吸收了充足的水分，其中的蛋白质开始凝结并形成稳定的网状结构，这一结构能防止发酵产生的气体逸出。

主发酵

我们将面团的第一个发酵阶段称为主发酵。该阶段的理想温度为 20~28℃，此时，酵母菌能在最理想的环境中进行繁殖。一旦对面团进行加工（比如拉伸、折叠、排气），那么发酵就会中断。主发酵是为了使面团变得更加紧实，各部分的温度更加均匀，内部的气孔增大，以促进面团中的二氧化碳和空气中的氧气进行充分交换，从而提高酵母的活力。

分割

若要烘焙很多面包，或者是小面包，那么就必须对小面团进行称量。用面团刮板或者刮刀就能将一个大面团分成多个小面团，再分别称量。在称量后，有时需将小面团再去除一部分，有时需再加一些面团使其变大，从而达到配方要求的重量（单个面团重量）。

预整形

那些全麦面粉制作的面团或用于制作形状比较复杂的小饼干和面包的面团特别需要预整形，这是指将大面团先整为球形或者橄榄形。

静置

那些经过预整形的面团需要静置 5~20 分钟，这样一来，在预整形过程中承受外力并且变紧实的面团会松弛下来。这样在最终整形时，面团表面才不会因为表面应力过大而出现裂纹。

整形

根据配方所述，应尽量减少处理面团的次数并快速处理面团，使其成为想要的形状。面团表面张力的大小对能否成功地制作出面包至关重要，在整形结束后，面团的表面应当光滑而紧致。整形完毕的面团底部会出现一条接缝，面团在此处收拢。

二次发酵

二次发酵是指烘焙前的最后一个发酵阶段。该阶段的理想温度为 25~35℃。在该温度区间内，酵母开始发酵。不过在实际操作时，你很难使环境达到这个温度。好在即便温度稍微低些，你也依然能制作出散发着诱人香味的面包。二次发酵的时间过短就会导致面团发酵不足，而时间过长又会导致面团发酵过度。进行二次发酵时，面团的接缝既可以朝上也可以朝下。面团可以放置在烘焙纸、发酵布、烘焙板上或者发酵篮、吐司模中。

割包／打孔／刷面

在把面团放入烤箱之前，如果面团只是接近充分发酵的状态，你可以用锋利的刀或薄刀片，以各种不同的方式割包。这样，在烘焙时，面团表面就会在烤箱中按照设想的样子裂开，而由此产生的裂口可以增加面包皮的面积，也会增添面包的风味。对于已经充分发酵的面团，你还可以用比萨滚针在面团上打孔。这些小孔有利于面团在烤箱中均匀膨胀，面包皮也不会在我们不希望看到的地方裂开。除此之外，比萨滚针还能防止面包皮下方出现使其破裂分离的气泡。

有时候，在烘焙之前，我们还会在面团上刷一层水或上光剂等，这样面包皮在烘焙之后就会闪闪发亮，同时还不会开裂。

烘焙

在烘焙之前，我们往往要先对烤箱及烘焙石板进行预热，这样烘焙开始时温度就比较高，随后要调低温度继续烘焙。烘焙开始时很重要的一点是烘焙湿度要大，这样面团表面就能保持弹性。所以，在烘焙头几分钟，要让烤箱内充满水蒸气（烟雾缭绕）。在烘焙的过程中，酵母会使面团经历最后一次膨胀，淀粉糊化，并形成面包心的结构。面包的芬芳和烘焙焦香也随之飘散开来。烘焙的时间则取决于面团的大小以及期待面包所出现的色泽深浅。

视面包种类的不同，在面包出炉之后，可再用水刷面，以使面包皮具有光泽。

冷却

冷却时，面包的香气才能完全散发出来。黑麦面包会在出炉一两天后的保存过程中逐渐熟化，这时面包的口感最好。在冷却的过程中，面包皮上会出现多道极为细小的裂纹。

保存

各种面包需根据不同的食用方式采用相应的方法保存。

面包皮上的裂纹（猪油面包，见第 59 页）

厨房小帮手：面包烘焙工具

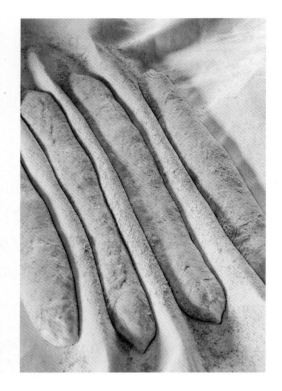

烘焙面包所需的工具并不多。虽然有些工具很有用，但也不是必不可少的。有时候，你甚至要尽可能少使用工具，免得它们妨碍你提高自己的手艺。

在面包烘焙的初级阶段，有一套非常简单的基础工具就够了，可能你已经有这样的工具了，或者你可以用手上现成的厨房工具代替。随着投入时间的增多，经验的不断积累，烘焙热情的高涨，你自然会萌生添置某些专业工具的念头。

一些厨房里常见的小工具可以在当地的百货商店里买到，你还可以在那里买到一台不错的厨师机。一些较特别的工具，比如面团刮板、发酵布或发酵篮，你都可以在网上购买。有许多网上商店为烘焙爱好者提供了不同种类、样式繁多的工具。

> **小贴士**
>
> 面包烘焙是一门独特而质朴的手艺，它更依赖于我们的双手，而不是工具。
>
> 没有任何工具可以与你的双手媲美或取代你独一无二的手艺。

> **小贴士**
>
> 用来搅打蛋糕面糊的手持式搅拌器并不能用来制作面包面团。使用几次之后，你的搅拌器就会因为负荷过大而损坏。建议最好用双手和面，或者使用优质的厨师机和面。

上图：发酵布
右图：由柳条（前）和木质纸浆（后）制成的发酵篮

表格 1
值得推荐的工具及简易替代品
（黄色字表示为必备工具）

工具	描述	替代品	备注
具有上下管加热功能的烤箱	能均匀地加热面团，有利于面团膨胀，生成酥脆的面包皮	—	最高温度不低于250℃
厨房秤，量勺	厨房秤称量原料时可以精确到1克，量勺可以精确到0.1克	—	进行精准称量时，厨房秤应带有"去皮"按键，并具有可清洗的大面积的称量台面
工作台	最好选择由木材（山毛榉）、不锈钢或天然石材制成的，可以在台面上处理面团	—	不能使用易被酸腐蚀的天然石材。如果使用塑料台面，需注意其是否为食品级塑料
厨师机	和面时省时省力	双手	测试不同品牌机器的和面性能，须确保可在和面时额外加入原料
面团刮刀	由塑料、橡胶或硅胶制成的带柄刮刀	双手	应柔软可弯曲
面团刮板	手掌大小的长方形或者半圆形塑料板或不锈钢板	双手	金属刮板用于清洁工作台面和切分面团，塑料刮板用于铲起或折叠面团
大碗	前期准备阶段使用的碗（最好由不锈钢制成），也可用于面团发酵	梅森罐（比如在准备阶段制作酵头或天然酵种时）	结实耐用，如果使用塑料制品，需注意其是否为食品级塑料
盖子	盖在大碗和玻璃瓶上能隔绝空气。可循环再利用	保鲜膜	需注意其是否为食品级材料
烘焙温度计	测量面团及发酵环境（比如冰箱抽屉、厨房和地窖）的温度	体温表	建议至少使用三种温度计：烤箱温度计、电子探针式温度计和冰箱温度计
擀面杖	圆柱状的木棒（比如山毛榉木）或者塑料棒，长30~40厘米，可以擀开30~40毫米厚的面团	可在建筑市场买到的圆棒	需注意其是否为食品级材料

（续表）

工具	描述	替代品	备注
发酵篮	由柳条、内树皮、木质纸浆或者塑料制成的圆形或长条形篮子，可以保持面团的形状	碗	传统做法：将面粉或土豆淀粉撒在篮子中。有条件的情况下，也可以再在篮子中铺上棉布或发酵布，避免面团粘在篮子上
吐司模	用于盛放柔软面团或制作特殊形状的面包的模具，由不锈钢或黑钢板制成		请勿使用带有涂层的模具（不耐酸，易被腐蚀）
发酵布	能使整形完毕的面团在发酵阶段保持形状，并能调整面团温度或湿度的亚麻布	擦碗碟用的干棉布（使用时在上面撒一层面粉，不然棉布会和面团粘在一起）	在没有面粉的情况下，面团也不粘手，注意尺寸（经验值：70厘米×140厘米）
锋利的刀	用于割包		要常打磨以保持锋利
割包刀	在金属棒上装上弯曲的薄刀片制成的特殊工具	在木棍上装上剃须刀片	更换刀片的时候要非常小心
比萨滚针	带有许多针的滚筒，可在已发酵好的面团上打孔，避免面包皮开裂或生成气泡	叉子／木签	根据面团的发酵状态相应地调整打孔的深度
糕点刷	用于刷去多余的面粉、蘸水／蛋液刷面、清洁工作台	毛刷	—
法棍转移板	用于将法棍面团从发酵布上转移到比萨板或者烘焙纸上	平整的案板或胶合板	最小尺寸约为15厘米×40厘米
比萨板	带有手柄的木板，用于将面团送入烤箱，或将其从烤箱中取出	平整的烤盘或木板	要提前在比萨板上撒好粗粒小麦面粉、粗磨谷粒或者普通面粉（也可以铺上烘焙纸）

（续表）

工具	描述	替代品	备注
烘焙石板	由耐火黏土、陶土、天然石材或者耐高温材料（比如堇青石）制成，起到仿制砖砌烤炉的作用。用于改善面包皮、面包心和裂口的特性，弥补温度损失	翻转过来的金属烤盘（非铝制）	烘焙前，至少将石板预热45~60分钟。第一次使用前，在最高温度下加热60分钟以去污，需注意其是否为食品级材料
带水蒸气功能的烤箱	按下按钮生成水蒸气，使面团的烘焙弹性更强，增大面包体积，使面包皮更薄更脆	铸铁锅（更多操作见第235页）	尽量在数秒钟内生成更多的水蒸气。提示：烤箱门要关严。在5分钟后，打开烤箱门将水蒸气彻底排出
冷却架	用于冷却面包	—	—

烤箱内烤架上由耐火黏土制成的烘焙石板

清洁和保养

烘焙工作结束后，你要对工具进行彻底地清洁。这样做不仅可以延长工具的使用寿命，还有利于保持整洁卫生的烘焙环境。凡是接触过面团的工具，都应浸入清水中。一旦发酵工具上残留洗洁精，就可能在之后引发各种问题，比如在喂养天然酵种的时候。

发酵篮（塑料发酵篮除外）不能用水清洗。只能将其翻转，并用力拍打以去除粘在上面的面粉。你还可以用糕点刷扫去篮子里残留的面粉。此外，你还要时不时地将清洁过的发酵篮和糕点刷放入 120~150℃的烤箱内烤 10~20 分钟，以杀菌及杀死可能存在的各种害虫。

待烤箱完全冷却后对其进行清洁。清除掉落的面粉、面包皮的碎屑及在喷水或注水过程中产生的水渍。那些烤焦的、粘在烘焙石板上的残留物不必清除。

尽量不要清洗发酵布，在室外用力地将其抖干净即可，要抖掉那些已经变干的残留物。

应当将盖过面团的盖子晾干，待面团变成碎屑落下后，再用清水洗净盖子。

烘焙时，每完成一道工序，都要用面团刮板去除粘在工作台上且变干的残留物及面粉，最后用湿布将工作台擦拭干净。

化整为零：制作面包的原料

面粉

没有面粉根本无法制作面包。更重要的是，用于面包烘焙的面粉必须质量上乘。你不妨在当地的磨坊和天然食品商店内好好逛逛。此外，你还可以通过网络直接从生产商或专业经销商处订购面粉。

谷物

我们如今种植的谷物多是禾本科植物，它们历经了数千年的栽培演变。早先用于面包烘焙的谷物种类更为繁多，比如玉米或者大麦磨成的粉等也可以用于面包烘焙，而如今我们则主要使用普通小麦面粉和黑麦面粉作为制作面包的谷物原料。不过现在，越来越多的农业经营者又开始种植那些富含维生素和矿物质的古老的谷物品种，比如说二粒小麦和斯佩尔特小麦，它们都属于小麦种。农业经营者们也开始更多地种植单粒小麦和卡姆小麦，它们算是小麦的"亲戚"。

如果你要求无麸质（面筋）饮食，那么应该摄入那些由米、黍（高粱、画眉草）或者所谓的伪谷物（非禾本科植物，比如苋属植物、藜麦、荞麦）制成的烘焙食品。但是由于用上述谷物磨的粉制作的面团无法生成面筋，这样的话，面包就无法形成面包心结构，只能制作出扁面包。

窥探内部构造

谷粒的内部构造复杂而精致，主要由芒（谷物外壳上的针状物）、胚芽、表皮（种皮、果皮）以及胚乳组成。糊粉层是隔离表皮和胚乳的组织，虽然在烘焙界，糊粉层因矿物质含量高而被归入表皮，但从植物学角度看，它并不属于表皮。胚乳占整粒谷物的80%~90%，也是谷物的主要组成部分。

胚芽和糊粉层含有对人体极为有益的蛋白质、脂肪、矿物质和维生素。胚乳中几乎包含了谷粒中所有的淀粉物质。淀粉颗粒被包裹在面筋内，而后者是决定面粉烘焙性能的重要因素。表皮不仅含有大量的矿物质和膳食纤维，还含有丰富的维生素。

烘焙辅助物

某些特定的谷物产品，除了作为制作面包的谷物原料发挥作用以外，还在面包烘焙中承

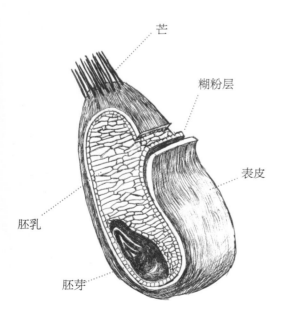

芒

糊粉层

表皮

胚乳

胚芽

担其他的工作。粗粒小麦面粉能使面团更好地滑入烤箱中。米粉则是一种绝佳的隔离剂，能避免面团和发酵篮直接接触，大麦则主要用于制作烘焙麦芽（见第 175 页）。

研磨产品——磨坊工人的杰作

谷物的内部构造非常复杂，因此磨坊工人能用它制作出种类繁多的研磨产品。磨坊工人的工作就是把良莠不齐的谷物加工成品质均一且具有良好烘焙性能的面粉。

研磨

在对谷物进行初步清理，去除杂质（比如石块、灰尘或草籽等）后，磨坊工人要借助机器进一步去除谷粒上那些从胚芽上露出来的以及位于表皮外部的芒。随后用水浸泡谷粒，以便将表皮从胚乳上剥离，这样做还能调节面粉的含水量。

在浸泡数小时后，将谷粒放入圆筒碾磨机中进行打碎，表皮会自然地与胚乳分离。完成第一次粗略研磨之后，要根据谷粒大小选择合适的筛子将谷粒过筛。筛出的面粉被运走，留下来的较大颗粒将被进一步研磨。这样做的目的在于将胚乳和谷粒的其他组成部分（麸皮）尽可能地完全分离。麸皮由部分胚乳、糊粉层及表皮组成。在研磨的过程中，胚芽被分离出去，以延长面粉的保存期限。

研磨出的产品按颗粒从大到小排列为：粗磨谷粒、粗粒小麦面粉、粗粉、普通小麦面粉。如果研磨的是整颗谷粒，则会得到全麦面粉或全麦粗磨谷粒。

混合之后大功告成

磨坊工人借助机器将之前多道过筛工序（筛分）中得到的面粉加以混合，从而得到商业上常用的面粉品种，也可以针对某些特别的面包（比如法棍）制作专用面粉。

接着，将面粉储藏数周。在此期间，面粉可以获得最理想的烘焙性能，因此这个熟化的过程必不可少。有些磨坊工人会在面粉中添加抗坏血酸（维生素 C），人为缩短熟化时间并强化面粉筋力。另外，还有一些允许使用的作用于酶家族及面筋的面粉处理剂：淀粉酶、蛋白酶以及某些特定的氨基酸。在面粉的外包装上必须注明所含的添加剂（除了酶以外）。

究竟是哪一种？面粉种类大比较

在德国，德国工业标准 DIN 10355 对面粉的分类做出规定，要求每一种面粉都在其名称中加一个数字，比如说 405 号小麦面粉（Type 405）。这个数字表示的是每 100 克面粉中的矿物质含量（以毫克为单位）。

面粉中的灰分

我们在专门的实验室中测量面粉中的矿物质含量。在隔焰炉 900℃ 的高温下燃烧一定量的面粉，留下的残渣即灰分，这差不多是面粉中的矿物质了。例如，燃烧 100 克 405 号小麦面粉最终能获得约 405 毫克灰分。不过，这一数值仅仅体现了燃烧后灰分重量的平均值，面粉中实际的矿物质含量可能在该值附近有所波动。

高研磨度带来健康

面粉的型号越大，其中含有的谷物外层物质就越多，面粉的颜色也就越深，研磨度就越高。这个数字体现了整粒谷物被研磨的比例是多少，也体现了表皮和胚乳的分离程度。在研磨时，谷物是由内而外使用的。研磨度越高，那么面粉中谷物外层物质所占的比重就越大。例如，405 号小麦面粉的研磨度为 20%，也就是说，谷物中仅有 20% 的成分被保留在面粉中。较低的研磨度意味着，面粉的成分更多地来自于谷粒内部，也就是胚乳，这种面粉几乎不含

上图（从左到右）：
粗磨谷粒、粗粒小麦面粉、粗粉、普通小麦面粉、麸皮

矿物质、纤维素及维生素。面粉中胚芽和谷物外层物质的含量越低，面粉的保存时间就越长。

在德国最常见的面粉包括405号、550号、812号和1050号的小麦面粉，997号、1150号和1370号的黑麦面粉以及630号、812号和1050号的斯佩尔特小麦面粉。此外还有全麦面粉，它由全粒谷物研磨而成，含有谷物中所有的矿物质成分，因此并没有专门的型号。

粗磨谷粒和麸皮

有时，为了更好地保存谷物，在将其研磨成全麦面粉之前，要去除其中富含脂肪的胚芽。否则，胚芽就会在短短数周内腐败变质。已去除胚芽的粗磨谷粒不能再称为全麦粗磨谷粒，而只能称为烘焙用粗磨谷粒。粗磨谷粒既有棱角分明的（切碎的谷粒），也有光滑圆润的（磨碎的谷粒）；既有粗糙的，也有细腻的。

麸皮是深色物质，矿物质含量较高，对富含表皮的残留物过筛后研磨可以得到麸皮。实际烘焙中很少用到麸皮。

影响面粉品质的因素

面粉的品质由很多因素决定，比如磨成面粉的谷物种类、谷物生长的环境、种植谷物的技术，以及谷粒和面粉的保存条件等。当然，对面粉的品质影响最大的还是磨坊工人，他们可以有针对性地选用谷粒中的某些成分，将其加工成面粉。

表格 2

研磨产品及其特性

研磨产品	颗粒大小	组成成分
全麦粗磨谷粒	大于 1000 微米	含有谷粒的全部成分
烘焙用粗磨谷粒	大于 1000 微米	含有谷粒除胚芽外的全部成分
粗粒小麦面粉	300~1000 微米	基本上不含胚芽及表皮成分
粗粉	180~300 微米	基本上不含胚芽及表皮成分
普通面粉	小于 180 微米	基本上不含胚芽及表皮成分
全麦面粉	80% 小于 180 微米	含有谷粒的全部成分
麸皮	—	含有谷粒除胚乳外的全部成分

表现抢眼的淀粉

面粉的主要成分是谷粒胚乳中的淀粉（含量为 60%~70%）。淀粉不能溶于冷水。在研磨的过程中，一些淀粉颗粒会遭到破坏，但依然可以吸收高达其自重 30% 的水分。当温度升高至 53~73℃（黑麦淀粉）或者 60~88℃（小麦淀粉）时，淀粉则能在其自重数倍的水中糊化。淀粉颗粒破裂，使得水与淀粉的结合成为可能，这个过程称为糊化。淀粉糊化后，蛋白质随之凝结成块，才会形成结构稳定的面包心。一旦面粉的糊化能力减弱，面团就会变得又湿又黏，制成的面包也会颜色暗沉，面包心则会因为过于潮湿而烘焙不充分。相反，如果面粉的糊化能力过强，制成的面包就会颜色较浅，面包心较干，吃起来寡淡无味。

淀粉不仅对形成面包心的结构至关重要，它还是酵母的营养基础。面粉中的酶会将淀粉（多糖）分解成双糖，在酵母中酶的作用下，双糖会进一步被分解为单糖，并进而被转化为酒精和二氧化碳（能使面团松弛）。

已经糊化的淀粉中这种酶促反应进行得最快。在黑麦面粉中，酶的作用在恰好达到糊化温度时发挥至最大，这会阻碍面包心结构的形成。经验证明，加入盐和对面团进行酸化处理是解决这一问题的有效办法。

除了酶能使淀粉降解以外，在干燥状态下，高温也能使淀粉降解。在烤箱中，当面团的表面温度达 150℃ 时，淀粉就会被降解为糊精（多糖）。糊精能使面包皮呈现棕色，并生成典型的面包皮口感。如果在面包出炉后用水涂刷表面，面包皮就会闪闪发亮。

关键在于面筋

蛋白质是面粉的另一个重要的组成成分（含量 10%~14%），可分为可溶性蛋白质和非可溶性蛋白质。可溶性蛋白质存在于谷粒的糊粉层和胚芽中，而两种非可溶性蛋白质——麦醇溶蛋白和麦谷蛋白则存在于胚乳中，并在面粉和水混合时生成面筋。在浸泡涨大后，面筋可以吸附达自重 2~2.5 倍的水分。其中，麦醇溶蛋白会影响面团的延展性，而麦谷蛋白则会影响面团的弹性。面粉中生成的面筋越多，吸

表格 3
德国常见的面粉 *

面粉名称	矿物质含量	研磨度	主要用途
405 号小麦面粉	0.3 %~0.5 %	0~55 %	蛋糕、饼干
550 号小麦面粉	0.5 %~0.6 %	0~70 %	小麦面包
630 号小麦面粉	0.6 %~0.7 %	0~75 %	小麦面包 浅色混合谷物面包
812 号小麦面粉	0.7 %~0.9 %	0~80 %	浅色混合谷物面包
1050 号小麦面粉	0.9 %~1.1 %	0~85 %	深色混合谷物面包
1200 号小麦面粉	1.1 %~1.4 %	0~90 %	深色混合谷物面包
1600 号小麦面粉	1.4 %~1.8 %	麸皮	深色混合谷物面包
1700 号小麦面粉	1.6 %~1.9 %	烘焙用粗磨谷粒	粗粮面包
全麦面粉	—	100 %	全麦面包
全黑麦粗磨谷粒	—	—	全麦粗粮面包
610 号黑麦面粉	0.6 %~0.7 %	0~62 %	颜色极浅的黑麦面包和混合谷物面包
815 号黑麦面粉	0.8 %~0.9 %	0~72 %	浅色黑麦面包
997 号黑麦面粉	0.9 %~1.1 %	0~78 %	浅色黑麦面包和混合谷物面包
1150 号黑麦面粉	1.1 %~1.3 %	0~83 %	黑麦面包 混合谷物面包
1370 号黑麦面粉	1.3 %~1.5 %	0~87 %	黑麦面包 黑麦混合谷物面包
1740 号黑麦面粉	1.6 %~1.8 %	0~95 %	深色黑麦面包
1800 号黑麦面粉	1.7 %~2.0 %	烘焙用粗磨谷粒	粗粮面包
全黑麦面粉	—	100 %	全麦粗粮
全黑麦粗磨谷粒	—	—	全麦粗粮面包
630 号斯佩尔特小麦面粉	0.5 %~0.7 %	0~75 %	颜色极浅的斯佩尔特小麦面包和混合谷物面包
812 号斯佩尔特小麦面粉	0.7 %~0.9 %	0~80 %	浅色斯佩尔特小麦面包和混合谷物面包
1050 号斯佩尔特小麦面粉	0.9 %~1.2 %	0~85 %	深色斯佩尔特小麦面包和混合谷物面包
斯佩尔特全麦面粉	—	100 %	全麦面包
斯佩尔特全麦粗磨谷粒	—	—	全麦粗粮面包

* 德国面粉的分类标准与中国的不同。一般来说，550 号小麦面粉是多用途小麦面粉，可用中筋面粉代替；另一种常用到的 1150 号黑麦面粉，可用高筋黑麦面粉代替。面粉型号在 550~1050 时，可对应使用中筋面粉；面粉型号在 1050 以上，可对应使用高筋面粉。——编者注

收的水分就越多。在烘焙过程中，面筋会释放出吸附的一部分水分，这些水分有利于淀粉糊化和面包心结构的形成。

非可溶性蛋白质的含量和质量在很大程度上决定了面粉的烘焙质量和烘焙性能。在胚乳中，非可溶性蛋白质的含量减少，但质量却有所上升。正因如此，在经过精细研磨的深色面粉中含有很多质量不高的非可溶性蛋白质，而在研磨程度不高的浅色面粉中，虽然含有的非可溶性蛋白质并不多，但非可溶性蛋白质质量却很高。

在浸泡面粉、和面和折叠面团时，面团内会自动生成面筋链，随后生成面筋网络，它支撑起面团并包裹住发酵产生的气体。面粉中的面筋和淀粉一起形成了面包心的结构。面筋既要有一定的延展性（麦醇溶蛋白），也要有一定的弹性（麦谷蛋白）。也就是说，面团既不能拉伸得太长，也不能过快断裂。如果面筋的品质过高，就会影响面团在烤箱中的膨胀效果，使得烤出的面包体积过小；而面筋的品质过低，就会烤出扁平的小面包。除此之外，麦醇溶蛋白还会影响面团的吸水性。若使用麦醇溶蛋白含量过少的面粉，烤出的面包就会干巴巴的。

蛋白质不仅对形成面包心的结构至关重要，还是面包产生香味的重要因素。面团发酵时，蛋白酶的作用下，蛋白质转化为氨基酸，它和酵母发酵生成的酒精一起构成了面包中的香味物质。

大有用处的膳食纤维

黑麦面粉中的戊聚糖会阻碍面筋的形成。虽然小麦谷粒的外层部分也含有2%~3%的戊聚糖，但是黑麦面粉中的戊聚糖含量是小麦面粉中的2~3倍。除了能阻止面筋形成以外，戊聚糖还能与其自重6~8倍的水分相结合，因此

它同时也是面筋的一种替代物。正因如此，与小麦面团相比，我们需要在黑麦面团中加入更多的水，部分水分会在烘焙过程中转移到糊化的淀粉中。

戊聚糖属于一种膳食纤维，并不能被人体消化吸收。膳食纤维主要存在于谷物颗粒的外层中。

黑麦面粉和小麦面粉中的膳食纤维的含量分别占14%和13%，它对于人体的消化功能极为重要。

健康有益的其他物质

不管你打算烘焙哪一款面包，都请仔细考虑一下，是不是可以在原料中加入部分全麦面粉。全麦面粉有益于健康，而且还会带来一些意想不到的益处：加入面粉总用量5%~20%的全麦面粉能够显著改善面团的特性及口感。如果你想采用只使用全麦面粉的配方，应在面团中多加入10%~15%的水。

脂肪存在于谷粒的胚芽之中。研磨的精细度越高，面粉中的脂肪含量就越高（1%~3%）。胚芽中的脂肪对人体特别有益，我们建议制作面包时使用新鲜的全麦面粉，能帮助人体达到营养均衡（工业化生产且长期保存的全麦面粉中会去除胚芽）。除了有益于健康之外，脂肪还有助于增加面筋的延展性。

对人体来说，铁、铜、锌和锰这些矿物质都是极为重要的微量元素。此外，钾、镁、钙和磷也起着重要的作用。各种矿物质一起促使盐在面团中发挥作用。随着研磨度的提高，面粉中的矿物质含量也有所增加。

虽然就烘焙本身而言，面粉中含有的维生素并不能起到什么作用，但是它是人体必需的营养物质，B族维生素尤为珍贵——只存在于少数食物中。矿物质和维生素存在于谷粒的外层和胚芽上，其在面粉中的含量随着研磨度的

表格 4
不同面粉生成的面筋及其质量
（其烘焙性能和加工方法也因此有所不同）

面粉种类	面筋	烘焙性能	加工方法
小麦面粉	能生成大量面筋，面筋品质高	非常好	长时间用力和面（与面粉品种有关）
黑麦面粉	能生成面筋，但受到戊聚糖的影响	好	短时间，轻柔和面，充分发酵必不可少
斯佩尔特小麦面粉	能生成大量面筋，面筋品质低	一般	轻柔和面，充分浸泡与发酵必不可少
大麦面粉	能生成少量面筋	不好	轻柔和面，建议混入小麦面粉
燕麦面粉	含有麦醇溶蛋白，但不含麦谷蛋白，因此不能生成面筋	不好	长时间轻柔和面，建议混入烘焙性能好的面粉
玉米粉	不能生成面筋	无	必须与烘焙性能好的面粉混合使用，或者在制作扁面包时使用，充分浸泡必不可少
米粉	不能生成面筋	无	必须与烘焙性能好的面粉混合使用，或者在制作扁面包时使用
黍粉	不能生成面筋	无	必须与烘焙性能好的面粉混合使用，或者在制作扁面包时使用
荞麦粉	不能生成面筋	无	必须与烘焙性能好的面粉混合使用，轻柔和面

小贴士

现在，我们所使用的小麦面粉中往往能生成足量且优质的面筋。以前我们在烘焙时，通常会在面团中额外加入能生成大量面筋的特制面粉，但现在已不必这样做。

提高而增加。

面粉中的水分含量高达 15%。面粉如果过于潮湿，就很容易滋生害虫和霉菌。水分还能促进酶的活力，因此水分含量过高会促进面粉中淀粉的降解，从而缩短面粉的保存时间，制成的面包的品质也会下降。

酶在面包的整个生产过程中起着关键作用，而这一过程涉及蛋白质的分子。酶是一种介质，它能在不消耗自身的前提下，催生或加速某些化学反应。不仅在面粉中，在别的物质（比如酵母）中你也能发现它的踪迹。酶的活力取决于面团的水分含量、pH 值和温度。在面团内的反应过程中，酶对淀粉和蛋白质的降解起着至关重要的作用。

正确地保存面粉

面粉应始终保存在室温（18~24℃）下。较低的温度会削弱面粉的膨胀能力，而膨胀能力对确保面包的品质尤为重要。如果你将面粉保存在较低温度下，烘焙前最好先将其在室温下放一段时间。

理想的保存环境应当避光且干燥。盛面粉的容器必须密封，以避免生虫。

型号较小的面粉可以保存数月，而不影响其品质。面粉型号越大，面粉中含有的来自谷粒外层的物质越多，面粉的保存时间就越短。因此，含有胚芽研磨物的全麦面粉只能保存数周。

> **小贴士**
>
> 请尽可能储存少量的面粉，最好仅保存近期烘焙中所必需消耗的面粉量。对于型号较大的面粉及全麦面粉，最好到使用时才买入充分熟化且相对新鲜的研磨面粉。这可以避免面粉因长期储存而导致品质降低。

水

水是面团中最重要的组成成分。酶促反应能在发酵过程中为酵母提供必需的营养，而该过程仅在有水的情况下才能进行。虽然面粉中已含有约 15% 的水分，但该水分是与面粉结合在一起的，并不是以游离形式存在的，因此面粉中自带的酶并不能发挥或仅能发挥有限的作用。只有额外加入游离状态的水，才能真正激发酶的活力。

水的硬度会影响面筋的特性。矿物质含量高的硬水会使面筋链紧绷，使得制作的面包体积变小，气孔更为细密，面包心更加紧实有弹性。相反，如果使用矿物质含量低的软水，一部分麦醇溶蛋白就会溶解，结果就会制作出带有粗孔的扁平面包，面包心干巴巴的且松脆易碎。

如果使用硬度极高的水，请在面团中适当减少盐的用量（为面粉用量的 0.2%~0.4%）。

膨胀剂

膨胀剂可谓是大自然的杰作。在烘焙面包的过程中，极其微小的微生物能给我们帮上大忙。不管是酵母菌还是乳酸菌，它们都能使面包变得更加松软诱人。

酵母

现在我们使用的烘焙酵母是一种人工培育的酵母，其最早源自酿酒酵母。现在我们可以使用氨、磷酸盐和其他的化学药剂通过多道加工工序，大规模工业化量产这种酵母。相反，生物酵母则是在种植谷物的土地上培育的。相比之下，生物酵母价格要贵些，但副作用更小，也更加天然。在特性上，生物酵母与传统的烘焙酵母相当，但考虑到前者的发酵能力保持时间不长，所以应尽可能地早地使用。直到 20 世纪，我们才开始生产并在烘焙中使用现在这种形式的烘焙酵母。

商业上通用的鲜酵母（压榨酵母）中，水分含量被调整为 70% 左右。

一旦鲜酵母被烘干至水分含量仅为 5% 左右时，就会成为活跃的快速酵母粉。加入乳化剂可以防止酵母出现过度干化。

> 1 克快速酵母粉与 3 克鲜酵母的发酵效果相同。

除了使用上述酵母，你也可以使用野生酵母来烘焙面包。制作这种酵母时，应将黑麦谷粒、有机无花果或葡萄干一起在糖水中泡约 5 天。黑麦谷粒或者葡萄干上的野生酵母菌会生成发酵气体，水面上会因此冒出一个个小气泡。当小气泡停止生成时，将酵母水放入冰箱中，其可以在数周内保持活力。对有经验的人来说，可以用这种酵母水替代传统酵母来制作面团。

那些耐渗透压的特制酵母主要用于制作甜面团。这种酵母在家庭烘焙中并不常见，仅用于个别配方中。

烘焙爱好者如何玩转酵母？

烘焙酵母可在有氧或无氧的条件下进行新陈代谢。酵母的营养源基本上为各式各样的单糖，这些单糖在酵母中自带的酶的作用下，转化为其他形式的糖。一旦酵母菌在富氧条件下透过细胞壁，吸收了溶解的单糖，就会在酶促反应下将糖分解为二氧化碳和水（理想的温度应低于 26℃）。与此同时，在氮和磷供给充足的情况下，酵母菌通过出芽得以大量繁殖。母细胞上的芽体向外侧突出，会自动从母细胞上脱落成为新个体，或是继续与母细胞连接在一起，并形成一簇对烘焙酵母而言非常典型的芽群。如果发酵时间充足，酵母菌的数量能翻倍增长。

酵母菌在繁殖阶段生成的二氧化碳能使面团膨胀，同时使面团中的氧气减少。为了促使空气中的新鲜氧气与面团中的二氧化碳进行交换，以重新使酵母菌开始繁殖，我们需要在主发酵时一次或多次折叠、拉伸面团。

在二次发酵（理想的温度是 30~35℃）时，即从氧气不足到最后无氧的过程中，面团中依然会继续生成二氧化碳，当然其生成的量要比酵母繁殖阶段的少得多。此外，这一阶段还会生成酒精。由于这一阶段氧气很少参与，我们也将其称为酒精发酵。在烘焙过程中，面团中的酒精挥发，并和面团中的酸一起构成了重要的芳香物质。如果面团中含有足量的单糖，那么即使在氧气充足的条件下也会发生酒精发酵。面团膨胀的最关键时期是无氧阶段。

除了使面团中生成酒精和二氧化碳以外，酵母还会在发酵期间使面团中产生重要的芳香物质。

关键词——温度

> 面团发酵最重要的几个阶段最好在温度为 25~35℃时进行。然而，烘焙爱好者往往很难把握温度。如果酵母用量较少，发酵时间较长，那么稍低的温度（20~24℃）也能得到不错的烘焙效果。当温度达到 45℃以上时，酵母菌就会死亡。

当温度低于 10℃时，酵母菌的繁殖能力变差，面团的发酵过程明显变缓。我们可以利用酵母菌的该特性实现延迟发酵，这样面团可以保存较长的一段时间，面包师能自主选择合适的烘焙时间。当温度低于 -7℃时，酵母菌的整个新陈代谢过程会中断。借助这种深度冷冻技术，整形完毕的面团可以保存更长的时间，直到需要的时候再取出烘焙。冷冻以及发酵过程的改变，都会使酵母的品质大打折扣，因此除了添加更多的酵母以外，很多面包店还会在这类面团中加入某些添加剂，比如抗坏血酸（维生素 C）或者单独的酶。

正确的保存酵母

新鲜酵母颜色较浅，呈黄棕色，有贝壳状的断面。

这种酵母可在 2~8℃的冰箱内保存 10~14 天。期间，酵母颜色略微变暗、变干或者有碎屑掉落都属正常现象。随着新鲜酵母不断老化，酵母细胞自身的碳水化合物及蛋白质储备逐渐消耗殆尽，越来越多的酵母细胞渐渐死去，酵母的发酵能力也逐渐变弱。此外，该过程中还会释放出一些削弱面团中面筋结构的物质。

> **小贴士**
> 要想烘焙出优质的面包，最好手头常备新鲜的酵母。建议最好在专业面包师那里或者商店直接购买散装的酵母。

冷冻保存鲜酵母有不少弊端。酵母细胞中含有液体，所以冷冻过程会损害这些细胞，酵母菌的繁殖能力也随之减弱。然而，冷冻并不会影响酵母的发酵能力，因为发酵是一种酵母酶（酒化酶）在起作用，而非活的酵母细胞在起作用。

干酵母的保存时间则要长得多。我们应该在寒冷且干燥的环境中保存干酵母，但超过其保质期就应丢弃不用。

酵母的替代品

除了烘焙酵母和天然酵种（见第 182 页）以外，独一无二的烘焙酵素是面包制作中不容小觑的一种膨胀剂。烘焙酵素其实是一种由小麦面粉、玉米粉、豌豆粉和蜂蜜一起制作而成的天然酵种。如果不使用小麦面粉，烘焙酵素也可以作为无面筋的膨胀剂使用。与传统的天然酵种不一样，这种烘焙酵素中主要含有的是乳酸菌，而非醋酸菌。这会使烘焙食品具有传统酵母面包和天然酵种面包所没有的特点，更诱人，也更有益于健康。不过，烘焙酵素中含有源于蜂蜜的野生酵母菌，至于这种酵母菌究竟会产生正面作用还是负面作用，业界对此尚有分歧。

商业上通用的烘焙酵素是一种遇水就会被激活的颗粒物，它会使小麦（尤其是斯佩尔特小麦）面团中面筋的强度增大。只要不使用黑麦面粉，就可以不加入酵母，面团只加入烘焙酵素进行烘焙。即便面团使用的面粉是由一些几乎不具备烘焙性能的谷物制作而成的，比如玉米、黍以及荞麦这样的伪谷物，但面团依然可以借助烘焙酵素获得足够的膨胀能力。对含有烘焙酵素的面团而言，理想的发酵温度为 35℃。与烘焙酵母相比，若要将烘焙酵素制作成天然酵种，前期准备时间和面团发酵时间会更长，这也正是烘焙酵素的一个缺点。

门外汉才会使用的小苏打

我们无法将小苏打和优质面包联系在一起。小苏打是一种化学膨胀剂，制作蛋糕时，我们会往搅打好的面糊中加入小苏打，但我们绝不会将其用于面包面团中。一些地方特有的烘焙糕点是个例外，比如爱尔兰的"苏打面包"，虽说它名为面包，但其实更像蛋糕。

小苏打的主要成分是碳酸氢钠，可以和水发生化合反应。小苏打中的碳酸氢钠遇水加热后，就会发生化合反应生成二氧化碳，并使面团膨胀。小苏打的优点在于可以缩短面团的制备时间，但其缺点也不少：若面团中含有小苏打，制成的面包不易保存，也没有香味，面包心的结构类似于蛋糕。

盐

盐的主要化学成分是氯化钠。在自然界中，它以岩盐（石盐）的形式存在，呈立方体。除了氯化钠，盐中还可能含有钙、镁或磷。在人

类的饮食中，盐扮演着非常重要的角色，同时也保障我们的身体健康。

海盐还是石盐？

我们日常使用的食用盐主要是从石盐或海盐中提取的。从地质学角度看，石盐其实也是一种海盐，只不过它要古老一些。

我们日常使用的海盐在组成成分上几乎与石盐无异，只有某些特别的、未经提纯的海盐才会拥有比较独特的组成成分，这会使其口感发生轻微的改变（主要是通过硫酸盐的作用）。对烘焙爱好者来说，使用一般的海盐或石盐并没有什么太大的差异。另外还有一些号称更"健康"的盐，比如喜马拉雅岩盐，其实从烘焙和营养生理学的角度而言，对人体并不会更有益。由于这类盐通常含有更多的杂质，可以说营养价值甚至还不如石盐。

> **小贴士**
>
> 如果烘焙时使用的盐中含有添加剂（比如碘、氟、叶酸），那么请务必注意，叶酸不耐热，烘焙会破坏其结构。

在烘焙中的作用

盐对面包烘焙起着重要的作用。它可以使

石盐／岩盐（右）、经过研磨的盐（左上）及海盐（左下）
左图：干酵母、鲜酵母以及放陈的、已经变色且边缘变干的鲜酵母

小麦面团中面筋网络的结构变得更加稳定，从而使面团更加紧实。在黑麦面团中，盐能使淀粉的糊化温度提高5~10℃，从而削弱淀粉酶对淀粉的强力降解作用。

盐能吸水，这会造成酵母缺水、面团的膨胀能力也会随之减弱。加入面粉用量1.8%~2.2%的盐最有利于面团在烘焙过程中膨胀，也能使烘焙出的面包大小适中。在面团中加入的盐过多或过少，都会影响面包的体积、面包皮和面包心的结构。此外还要注意，在全麦面包和含有粗磨谷粒的面包中所使用的谷物原料中，谷粒外层中已含有较多的矿物质，因此制作这类面包的面团时加入的盐要更少，应控制为面粉用量的1.5%~1.8%。同样，盐用量还和水的硬度相关。用软水和面时，盐的用量就要比用硬水和面时多。

> **小贴士**
>
> 请你养成品尝和好的面团的习惯，这样就能很快辨别出面团是否加了盐。如果直到烘焙时才想起忘记加盐，那就无法补救了。

未加盐的面团比较潮湿，黏糊糊的，几乎不会有紧致的形状，而且会膨胀得很快。不含盐的面包吃起来寡淡无味，面包皮也会暗淡无光。

乳制品

在面包烘焙中很少用到乳制品，但是不排除某些特别的烘焙食品要用到牛奶，比如牛奶面包。牛奶是一种天然食物，富含脂肪、碳水化合物、矿物质、蛋白质和维生素。此外，它还含有乳糖。从物理学角度讲，牛奶其实是一种脂肪和水混合而成的乳剂，也就是说，极为细小的脂肪颗粒溶于水中形成了牛奶。我们可以采用机械加工的方式将牛奶中的脂肪含量调整为 3.5% 或 1.5%。对牛奶进行干燥处理可以延长其保存期限，这就催生了奶粉，在某些烘焙食品中，我们也会用到奶粉。

在烘焙中，我们最常使用的乳制品是牛奶。除了牛奶，在面包烘焙中还会用到甜奶油、酸奶油、酪乳、酸奶、凝乳等其他多种乳制品。这些乳制品会影响烘焙过程及烘焙食品的特性。

> **小贴士**
>
> 　如果你患有乳糖不耐受症，烘焙时可以使用绵羊奶或山羊奶制品。

在烘焙中的作用

因为牛奶的含水量为 87.5%，加入牛奶会提高面团得率。如果要保持面团的面团得率不变，牛奶的用量就要比水的用量多。

乳脂有很多作用。一方面，它能提高面筋的弹性和延展性，这可以增大烘焙食品的体积（仅在使用全脂牛奶的情况下）；另一方面，它能产生乳化作用，从而使面团变得更加柔软，这会增强面团包裹气体的能力，并提升面团的发酵耐力（面团充分发酵的稳定性）。另外，牛奶中含有的某些物质会缩短面筋链并使其变得更加紧实。

> **小贴士**
>
> 　如果面团中含有牛奶，和面时需更用力，烘焙时也要用较低的温度。
>
> 　乳糖会使面包外皮较快变成棕色。

此外，加入牛奶还会使面包心的气孔更细密，面包皮更纤薄柔滑而不那么酥脆。与此同时，面包的口感更显柔润，保存时间也会相应延长。

油脂

油脂是面包面团的一种重要组成成分，尤其是在甜面团中，油脂发挥着极为重要的作用。油脂是一种由甘油和脂肪酸组成的有机混合物。油脂既可以源于植物，也可以来自于动物。根据油脂中脂肪酸的碳原子间是否含有双键，可以将其进一步分为不饱和脂肪酸和饱和脂肪酸。从营养生理学角度看，不饱和脂肪酸的营养价值更高。动物性脂肪中不含或者仅含极微量的不饱和脂肪酸，而植物油中则含有大量的不饱和脂肪酸。

在烘焙中，动物性脂肪和植物油都会用到。这其中包括天然黄油、人造黄油、猪油和橄榄油等，当然烘焙中用得最多的还是天然黄油。

固态的油脂（比如天然黄油、人造黄油、猪油）很快就会沾染上异味，因此要包裹严实，保存在冰箱中。液态的油脂则最好密封冷藏、避光保存。

在烘焙中的作用

随着油脂含量的增加，面团会变得越来越柔软，因此用水量可相应减少。但同时，油脂的增多会抑制酵母菌的生长，所以在面团中要多加入一些酵母。

不超过面粉用量 20% 的油脂能使面团更具可塑性和延展性，而与此同时，在乳化作用下，面团包裹气体的能力也得以增强。但是，如果油脂加入过多则会起反作用。少量油脂，即面粉用量的 1%~3%（不超过 10%）能增大烘焙食品的体积。当油脂用量超过面粉用量的 5% 时，酵母的活力就会受到抑制。

> **小贴士**
>
> 　最早可在和面进行到一半时将油脂加入面团。富含油脂和糖的面团要用酵头

发酵，以确保酵母菌能充分繁殖和使面团发酵。

在油脂的作用下，面包心会出现细密的小孔，面包皮则变得柔软而不再酥脆。如果加入带有特殊香气的油脂（如黄油、橄榄油、南瓜子油等），面包就会散发出一种浓郁的、烘焙食品所特有的味道。除此之外，烘焙食品中含有的油脂有利于其更长时间地保持新鲜。

糖

家庭常用的糖有两种不同的品质。普通白砂糖品质比较单一，略带白色，含有较高的矿物质成分。精制砂糖是纯度最高，颜色最浅的糖之一。我们所接触到的糖一般有砂糖、绵白糖、冰糖、蔗糖等。糖的种类之多，不胜枚举。

在烘焙中的作用

糖在面包面团（不包括甜面团）中可作为麦芽的替代物，提高酶的活力，增大面包的体积，使面包皮呈现棕色，并改善面包的口感。

在甜面团中，不超过面粉用量 20% 的糖可以促进酵母的发酵。随着面团含糖量的增大，面团会变得愈加柔软，因此必须相应地减少用水量，但这样一来，就会降低酵母的活力。此外，面团的发酵耐力也会减弱。

糖能使甜面团生成湿度更大的面包心，其上的气孔更加细密，面包也更为敦实。含糖量高的面包保鲜时间更长，面包皮呈深棕色。

鸡蛋

在传统的面包面团中，我们一般不使用鸡蛋。油脂和糖含量越高的面团中，鸡蛋的使用频率就越高，有时人们还将蛋液作为上光剂。

鸡蛋的营养价值很高。它富含蛋白质、多种矿物质、脂肪和维生素。烘焙中常用的一个中等大小的鸡蛋约含 30 克蛋白和 20 克蛋黄。

在烘焙中的作用

蛋黄中含有的卵磷脂是一种天然的乳化剂，可以使面团的结构更加细密，提高发酵稳定性和发酵耐力。蛋黄颜色的深浅不同，面团呈现的黄色也会不太一致。加入鸡蛋后，面团的延展性和可塑性增强，面团也会变得更加紧实。烘焙出的面包体积更大，面包皮的颜色更加诱人，面包心细腻而富有弹性，面包的口感也会更佳。如果面团中的油脂含量较低，加入鸡蛋就会使面包心发干。此外，蛋液还可以刷在面团表面，作为上光剂，比如在烘焙千层酥时就可以这么做。

神秘的麦芽

麦芽是一种烘焙辅料。烘焙辅料是可以平衡不同原料的品质，简化烘焙过程并提高烘焙食品质量的食品或者添加剂，而麦芽算得上是最古老、最原始的烘焙辅料之一了。烘焙辅料完全由谷物制成。从广义上来讲，糖、油脂和乳制品也算是烘焙辅料，因为它们都能改善面团特性并弥补面粉的一些品质缺陷。

> **小贴士**
> 你可能对麦芽不太了解，但不必为此担心。只有专业级别的面包师才会对麦芽感兴趣，因为他们不得不考虑如何解决面粉质量波动的问题。我认为，家庭烘焙中并非必须使用麦芽。当然，如果使用麦芽，应该能改善面包的口感以及更好地形成面包皮及面包心的结构。

从谷物到麦芽

麦芽是由诸如大麦、小麦或者黑麦这样的谷物制作而成的。先将谷物放在水中浸泡 2~3 天，以打破胚芽的休眠状态。在接下来的 5~10

天，将谷物放在空气湿度较大、低于20℃的环境中，随后谷物会冒出绿色的麦芽。然后，要分两个阶段（温度分别在35~50℃和85℃左右）小心翼翼地将谷物烘干，最后将发芽的谷物研磨成麦芽粉或者进一步加工成麦芽提取物。

麦芽提取物可以是糖浆状的液体（液态麦芽），也可以是粉末状的固体。发芽的谷物经粗磨、浸泡，被反复放入50~65℃的高温环境中，每次持续数小时。此时，生成的液态混合物会与谷物残渣和抱成团的蛋白质分离。通过低温条件下蒸发和汽化工序调整麦芽提取物的含水量，使之与目标产品（液态麦芽或者干燥的固态麦芽提取物）的含水量相吻合。干燥的麦芽提取物具有很强的吸水性，能够迅速地吸收空气中的湿气并凝结成块，因此较难保存。

麦芽制品的活跃度

所有的麦芽制品都可以分为酶活力高的（有糖化力）和酶活力低的（没有糖化力）两种。在生产过程中，一开始会生成酶活力高的麦芽，在超过80℃的高温加热后其酶活力降低。在谷物发芽的过程中，谷粒中酶的活力会迅速增加。那些可以降解淀粉的酶先被激活，随后降解戊聚糖和蛋白的酶也同样被激活。酶活力高的麦芽制品会加速并强化面粉中组成成分的转化过程，将其转化为可用于酵母发酵的糖和其他营养物质。此外，酶活力高的麦芽制品还能优化面包心和面包皮的特性。

酶活力低的麦芽制品主要用于改善烘焙食品的口感、气味和色泽。

对已发芽的谷物进行烘干处理有很多不同的方式和流程，可以借此调整酶的活力和麦芽制品的味道。

麦芽粉中酶的活力主要取决于谷粒被研磨的颗粒大小。麦芽粉的颗粒越小，之后在面团中发生的酶促反应就会越强。

不同的麦芽制品各司其职

麦芽粉和麦芽提取物的组成成分不同，制成的烘焙食品也有所不同。麦芽粉中含有谷粒的全部成分（比如蛋白质、非水溶性碳水化合物、酶等），而麦芽提取物却仅由水溶性物质组成，尤其是糖。用酶活力高的麦芽制品制作小麦面团时，面团的发酵时间相对较短。但在黑麦面团中使用酶活力高的麦芽制品则会起到反作用，因为这种面团已经含有充足、甚至是过多的淀粉酶，再加入酶活力高的麦芽制品非但不能强化淀粉的降解，反倒会起反作用。正因如此，即便有需要，制作黑麦面团时也仅能使用酶活力低的麦芽制品。

家庭烘焙中极少使用麦芽片。麦芽片由麦芽谷粒碾碎而成，是烘焙过程中的香味载体。麦芽片的酶活力很低。

麦芽制品的用量

麦芽制品的用量首先取决于面粉的品质（特别是酶的活力及面筋强度），其次要看烘焙者期望烘焙食品拥有什么特性。通常情况下，麦芽制品的用量为面粉用量0.5%~3%。烘焙爱好者几乎很难掌握一些细微的操作，比如把握面粉中酶的活力，也很难计算出其具体数值。

酶活力高的麦芽粉一不小心就容易使用过量，从而导致烘焙食品的品质变差（面包心黏糊糊、面包体积小）。加入面粉用量0.5%~1%的酶活力高的麦芽制品是比较保险的做法。酶活力低的麦芽制品仅仅用于优化烘焙食品一些可感知的特性，所以多加一些也无妨。

在商业化生产中，人们往往会在麦芽粉（尤其是酶活力高的）中加入一些添加剂（如乳化剂），这些添加剂会进一步影响面团的特性。

表格5

麦芽制品的使用条件及其对烘焙食品的影响

（若无标注，表格里的面团都指的是小麦面团和小麦混合面团）

	酶活力	麦芽粉（烘焙麦芽）	麦芽提取物	
			固态	液态
使用范围	高	酶含量不高的面粉（面团发酵时间短）	面团发酵时间长（2~3 小时）	没有限制
	低	根据所期望的烘焙食品的特性而使用（香味、口感、面包心色泽、面包皮特性等），也可加大用量；面包发酵时间长时优先使用；黑麦面包及粗磨黑麦面包要使用麦芽提取物		
作用	高	较强的淀粉和蛋白质降解作用（削弱面筋结构）；使面团有较大的膨胀能力	中等程度的淀粉降解作用；较弱的蛋白质降解作用；使面团有非常大的膨胀能力	较强的淀粉降解作用；较弱的蛋白质降解作用；使面团有较大的膨胀能力
	低	高含糖量确保面团具有较大的膨胀能力		
对烘焙食品的影响	高	使面团松弛（延展性更强，弹性更好）；面包皮呈现明显的棕色；面包心更加湿润；面包的体积更大	改善面团的松弛程度；使面包皮更酥脆；面包的体积更大	使面包皮呈现理想的棕色并富有光泽；使面包皮更酥脆；改善面包心特性及松弛程度；使面包长时间保鲜
	低	能改善面包的口感、面包心的色泽及面包皮的酥脆度；使面包长时间保鲜；降低黑麦面包和粗磨黑麦面包的酸度		

　　如果你只是想使面团的膨胀能力增大，改善面包皮的特性，并不考虑面包的香味特质，那么可以使用酶活力低的烘焙麦芽，并加入糖或者含糖量高的食物，比如蜂蜜和糖浆即可。

在何处购买麦芽制品

　　可在磨坊、健康食品店或网上购买麦芽粉。酶活力高的麦芽制品可以优化面团，而酶活力低的麦芽制品（香味麦芽或增色麦芽）仅可改善面包的香味和色泽。干燥的固态麦芽提取物价格昂贵，目前尚未以简易的小包装的形式出售。液态的麦芽提取物（浅色和深色，通常情况下酶活力低）则可以在啤酒厂的商店或网上购买。如果你还心存疑虑，不妨询问一下面包师，他手头是否还有多余的麦芽制品出售。

液态麦芽提取物（前），烘焙麦芽（右后）和酶活力低的香味麦芽／增色麦芽（左后）

面包常用香料：胡荽（前）、莳萝（左后）、小茴香（右后）

自制麦芽粉

其实，自制麦芽粉的方式和市售麦芽粉的制作方式类似。重要的是，你得先自行选择所用的谷物种类，最理想的莫过于大麦了。

> **小贴士**
>
> 应该选用未经化学处理的谷物。你还要仔细地研究一下其包装上的说明。请购买有机谷物，最好直接在磨坊或者食品商店采购。

→ 将谷粒放入水中浸泡 1~2 天。每天换水并保持较低的水温（低于 20℃）。

→ 用筛子将浸泡后涨大的谷粒从水中捞出，彻底漂净，防止滋生霉菌。

→ 将清洗过的谷粒平铺在扁平的容器中（烤盘、塑料盒）。

→ 在半明半暗处、15~18℃的低温环境中催芽。

→ 每天用清水将谷粒漂洗两遍。

→ 谷粒在 2 天后开始发芽，第一拨嫩芽清晰可见。

> **小贴士**
>
> 一旦嫩芽呈现绿色，此谷粒就不再适用于麦芽加工。所以，一旦谷粒开始萌芽，请务必留心观察。

→ 干燥谷粒并以此中断其发芽过程。将谷粒在铺有烘焙纸的烤盘中摊平。将烤箱设为 50℃、热风循环模式（顶部或底部加热的方式稍差些），放入谷粒烘干 1~2 小时。将烤箱门打开，留一条缝，以便排出潮气。

如果你想制作酶活力高的麦芽粉，可使用家用研磨机或优质的食品料理机研磨干燥的谷粒。只要不是在高温环境中，这些麦芽粉中的酶就能长时间地保持活力。

如果你想制作酶活力低的麦芽制品，请将研磨过的谷粒放入温度为150~180℃的烤箱内，用热风循环模式（也可选择顶部或底部加热的方式）烘烤半小时。这样一来，那些可降解淀粉及蛋白质的酶就会遭到破坏。

> 你可以根据所期望的麦芽香味浓度调节烤箱的温度。在烘烤的过程中，需时不时地翻动谷粒，并尝一下它的味道。烘烤过度会使麦芽带有丝丝苦味，而烘烤时间不足又会使麦芽缺乏香气、寡淡无味。

在谷粒充分放凉之后，你可以将其研磨成麦芽粉。

香料

只有少数品种的面包要用到香料，这些香料在某些地区备受欢迎，比如在德国南部地区及奥地利。面包用的香料包括莳萝、小茴香、茴芹籽、苜蓿和胡荽。这些香料能促进消化并使面包（尤其是全麦面包和粗磨谷物面包）更可口。这些香料香味浓郁，所以其用量最多不得超过面团总重量的 0.1%~1.5%。如果是添加粉末状香料，加入量就要更少。

如果你想将晒干的香草揉入面包面团，可以先用热水冲泡这些香草以使其散发的香气更加浓烈。泡过香草的水冷却后可以和面用。另外，对某些香料（比如莳萝）进行烘烤，也有助于它们在烘焙的过程中散发出更为浓郁的香气。

发酵布上的面团：面团的制作方法

面团的制作是指将各种原料混合直至制作出可烘焙的面团的整个过程。面团的制作方法可谓五花八门，而影响面团制作的因素也数不胜数，比如温度、面团得率、所用的配方、发酵时间、折叠的强度与时长以及面团的加工处理（整形）。总而言之，面团的制作对烘焙食品的特性而言至关重要。面团制作的方法不一而同，在加工方法（直接或间接）、发酵时间（短或长）或环境温度（冷或温）方面都有差异。

直奔目标

仅经过一道工序就制成的面团，我们称其为直接面团。制作这种面团的方法称为直接法。现如今，很多烘焙店用直接法制作小麦面团或者小麦混合面团，在此过程中加入烘焙辅料可以弥补这种制作方法的缺点。如果想制作黑麦面团，则可以借助面团酸化剂（乳酸、醋酸或柠檬酸），这些酸化剂替代了在非直接法制作面团的过程中常用到的天然酵种。

直接法可以节省时间，然而也要加入更多的酵母。就口感而言，直接面团要比那些非直接法制作而成的面团差一些：一方面是因为可供香味生成的时间较短，另一方面则是因为酵母自身的味道比较浓郁。直接面团是快速烘焙面包的不二之选，但是它在香味、口感、面包皮和面包心的特性以及成品体积上都有一些缺点。

绕路走——长时间的面团制作

通过延长面团的制作时间可以弥补一部分直接面团的缺点。最先得到改善的是面包的香味和口感。在面团中加入少量的酵母（面粉用量的0.5%~2%），并放入低温环境（3~18℃）中5~72小时甚至更久，以使其进入第一个发酵期（主发酵），此过程会生成足量的芳香物质。此外，延长面团的制作时间还有诸多其他好处。

比如，可以在傍晚和面，然后将面团发酵一夜。第二天早晨再整形，紧接着面团就进入温热环境下的发酵期（二次发酵），再进行烘焙。

然而，延长面团的制作时间也会带来面团老化的风险。在这段较长的时间内，面粉和酵母中所含的酶会过多地将面粉中的淀粉降解为糖。另外，蛋白酶还会破坏小麦面团中的面筋结构，而对于黑麦面团影响极为重要的戊聚糖也会受到酶的降解作用。因此，面团会变得不太稳定，在烘焙过程中无法形成良好的面包心结构。长时间的面团制作过程中绝不能加入酶活力高的麦芽制品，否则会进一步加剧上述反应。

小贴士

减少酵母用量，减轻面团的酸化程度，稍微降低含水量或温度，可以抑制面团的老化。

盐－酵母面团制作法

酵母菌的繁殖是非直接法制作的面团的关注重点，而这在直接面团中却不那么重要。非直接法的关键在于通过酶促反应使酵母发酵，而盐－酵母面团制作法正是利用了这一点。

盐－酵母面团制作法可以显著改善直接面团的加工特性、发酵稳定性及发酵耐力。

制成的新鲜盐－酵母溶液

在这种方法中，依照配方所给的信息，将盐和酵母按一定的比例与水混合。水的用量要为盐的 10 倍。比如说，将 15 克盐和 20 克酵母溶于 150 克水中。根据酵母用量的不同，将溶液盖好，在低于 20℃的环境下静置，最短不得少于 2 小时，最长不得超过 2 天。之后，盐－酵母的溶液将和其他原料一起，被和入面团中。

细胞中的搏斗

酵母细胞外部盐的浓度要高于细胞内部，因而细胞液会从细胞中渗出，使混合溶液中盐的浓度降低，细胞内部盐的浓度升高。酵母细胞会因为失去水分而失去繁殖能力，但这并不会影响其发酵能力，因为发酵中起作用的并不是那些活细胞，而是细胞液中含有的酶。

面团特性的改善主要是细胞蛋白在起作用。

这不仅能优化面团的加工和发酵过程，还能使面包心更加柔软而膨松，并能使面包更长时间地保持新鲜。

步步为营，接近目标

非直接法制作的面团总要有准备阶段，经过多道按时间排列的工序才能制成。通常情况下，先要预制酵头。酵头是面粉、水和微生物（膨胀剂）的混合物。膨胀剂可以是酵母，也可以是天然酵种。在小麦面团里，使用酵头可以减少酵母的使用量，浸泡和酶促反应可以改善面团的特性，延长面团的保鲜时间，并优化面包心的口感和气味。严格来说，天然酵种也是酵头的一种，但我们在本书中还是对酵头和天然酵种做出了区分。

酵头仅由小麦（包括斯佩尔特小麦、二粒小麦和其他小麦属的谷物）面粉制作而成，而天然酵种可由小麦面粉或黑麦面粉制作而成。

应根据所期望烘焙食品表现出的特性来确定膨胀剂的种类和用量。

通常情况下，小麦天然酵种中小麦面粉的用量应为面团面粉用量的 20%~50%。黑麦天然酵种中黑麦面粉用量为面团面粉用量的 30%~50%。由于小麦天然酵种可以起到产生香气和改善面团特性的作用，而不只是作为膨胀剂使用，其需要的面粉量为面团面粉用量的 20%~30%。如果小麦（混合）面团中含有黑麦面粉，那么在天然酵种中使用的黑麦面粉比重就要高得多，最高可达面团面粉用量的 60%~100%。

广义上讲，所谓的浸泡混合物也属于酵头，它是指一种由谷物制品和一种液体（通常是水）组成的混合物，不含诸如酵母这样的膨胀剂。浸泡混合物包括浸泡面团及冷泡混合物、热泡混合物和烹煮混合物，可以由面粉或者颗粒较粗的研磨制品（比如粗磨谷粒或者整颗谷粒）浸泡而成。浸泡混合物可以增加面团的含水量，改善面团的特性，并使得最后的烘焙食品口感更加柔润，更易消化。

多才多艺的天然酵种

天然酵种由水、面粉和微生物组成，是一种令人啧啧称奇的天然膨胀剂。在乳酸菌和耐酸酵母菌复杂的共同作用下，面团拥有了香气、膨胀能力以及特殊的面团特性和烘焙特性。在不同的面团制作方法中，由于温度、混合比例、发酵时间和其他原料的不同，天然酵种的特别功效也会被相应地加强或削弱。这其中包括面团的酸化程度和酵母持久发挥作用的能力。

一般来说，天然酵种可以和所有含淀粉的食物和在一起并保持活力（甚至包括土豆）。

已成熟的黑麦天然酵种

究竟是使用保存数年的天然酵种好，还是使用新鲜培养而成的天然酵种好，即便是专业

的面包师也有着不同的观点。按照学术派的意见，应每半年到一年重新激活一次天然酵种，以避免面团被污染或过度酸化。

微生物的王国

天然酵种中含有的酵母菌和乳酸菌可以生成发酵气体。乳酸菌发酵又可以分为生成气体型（异型发酵）和不生成气体型（同型发酵）两种。同型发酵乳酸菌作用于面团中被酶降解的糖类物质上，仅能产生乳酸；而异型发酵乳酸菌还能额外生成醋酸（或者酒精）和二氧化碳。因此，后者也常常被称为醋酸菌。二氧化碳作为一种发酵气体，会被面团中的面筋网络（小麦面团）、戊聚糖网络（黑麦面团）以及淀粉包裹，并最终在面包中形成气孔。天然酵种中所含的酵母，在酒精发酵作用下会生成很多的二氧化碳，而二氧化碳很大程度上决定了面团的膨胀能力。

有助于形成漂亮的面包心

发酵气体能保留在黑麦面团中而不逸出，要归功于酸。酸能抑制淀粉酶的活力，而这种酶在黑麦面粉中尤为活跃。当达到黑麦面粉中淀粉糊化的温度时，淀粉酶的活力达到最大。如果没有酸的抑制作用，那么糊化的淀粉很容易被酶降解，糖中生成面包心的淀粉结构会在烘焙过程中被分解。在这种情况下，由于糖不能和面团中的水充分融合，面包就会形成较大的气孔，面包心也不能被烘透而湿乎乎的，整个面包也就不能食用了。

在小麦面团中，淀粉的糊化温度要比酶达到最大活力时的温度高 10~15℃。这样的话，大多数的酶就会在加热过程中丧失活力，也正因如此，并不一定要对小麦面团进行酸化处理以抑制酶的活力。比起对酶的抑制作用，酸的更大作用在于巩固面筋网络并提高面包心的弹性。即便是对黑麦面团而言，借助不断改良的粮食栽培技术，天然酵种的酶阻抑效果也不再显得像 20 世纪中期那么举足轻重。

各种酸的大杂烩

面包中的酸来自那些能生成醋酸的细菌。为了避免面包因含有过多的醋酸而过度酸化，它们在面团中的比例应为 10%~20%。我们可以通过操控温度来调控细菌的比例，进而调节面团的酸度。

乳酸菌的理想培养温度为 30~35℃，醋酸菌的理想培养温度为 20~25℃，而酵母菌的理想培养温度为 25℃。正因如此，在温暖环境下制成的含有大量乳酸菌的天然酵种要比在低温环境下制成的含有大量醋酸菌的天然酵种更为柔和。当温度超过 40℃时，细菌开始逐渐死亡。

有助于人体吸收矿物质

能够产生醋酸的乳酸菌有助于分解黑麦面粉中含有的营养物质。黑麦中含有植酸，它能与多种矿物质广泛结合。这样一来，人体就难以消化吸收这些矿物质。只有在植酸酶的作用下，这些矿物质才得以释放。黑麦中本来就含有植酸酶，但是该物质只有在长期受潮的情况下才能释放出来。乳酸菌以及长时间的浸泡和和面可以促进植酸酶的释放。越是到谷粒外层，植酸的含量越高，所以黑麦面粉的颜色越深（即含有越多的谷粒外层物质），对其进行充分的浸泡和酸化就显得愈发重要。

有效防止霉菌滋生

天然酵种中的乳酸菌可以保护面包，使其免受霉菌侵袭，并延长其保鲜时间。乳酸菌能生成有效抑制霉菌生长的物质。事实上，酸本身也能帮助天然酵种及面包免受细菌和霉菌的侵害。

改善味道

天然酵种对面团的质地和膨胀能力、面包皮和面包心的特性以及面包的体积、保质期和营养价值都益处多多，还可以显著地增添面包的香味，尤其是黑麦面包。通过和酒精发酵共同发挥作用的酸化过程，面包可以产生丰富的芳香物质，从质朴而浓郁到略带酸涩，直至微酸果味的香气，应有尽有。与此同时，酸还能去除面团中那些难闻的气味。

自制天然酵种

第一次自制天然酵种非常简单，但是耗时最长可达一周。一旦制成天然酵种，便可轻而易举地将其保存长达数年之久，这个过程中它的效力和稳定性也会得到强化。

> **小贴士**
> 更为快捷的方法是在有机食品市场或健康食品商店采购一块酸酵头。有时，也不妨向面包师讨要一些天然酵种。当然，这样的话，你就体会不到亲自培养天然酵种的魅力和乐趣了。

考虑到自发酵和自酸化所需的细菌和真菌主要存在于谷粒的表皮上，所以第一份天然酵种应由全麦面粉（黑麦面粉、小麦面粉、斯佩尔特小麦面粉）混合制作而成。这样一来，生长中的天然酵种就可以拥有更好的营养基础。如果这一步成功了，那么也可以将天然酵种和研磨度低一些的面粉（1150 号和 1050 号）混合，以保持其活力。

最后，你会得到 800~1000 克的天然酵种。事实上，单单用于烘焙和保存，我们并不需要那么多的天然酵种，但为了确保细菌和酵母菌在生长中获得足够的营养，这个量还是必要的。

最为重要的是，在喂养过程中你要保持天然酵种的洁净，仔细观察天然酵种的变化并有耐心。

培养天然酵种，你需要预备以下原料：

→ 约 500 克全麦面粉
→ 约 500 克水
→ 称量工具（量杯，最好是量秤）
→ 一个大碗
→ 一个打蛋器

在使用碗和打蛋器之前，先用沸水对其进行彻底的清洗。经验证明，使用沸水有利于将它们冲洗干净。请不要用毛巾擦干碗和打蛋器（有可能带入外来细菌），它们只需在空气中自然晾干。

培养天然酵种按以下步骤进行：

→ 将 100 克左右的全麦面粉和 100 克温水（35~40℃）放入大碗，混合制成黏稠的面团。在数日内，天然酵种的重量在不断喂养中会增至最初的 4~5 倍。此外，天然酵种的体积也会随着发酵气体的产生至少翻一番。

→ 将天然酵种加盖密封，在 30℃ 左右静置 24 小时。每 12 小时用打蛋器搅拌一次，以使天然酵种吸收空气，然后重新加盖密封。气体的交换能促进微生物的新陈代谢。

> **小贴士**
>
> 为了达到30℃左右的温度，你可以将碗放入烤箱或微波炉中，打开灯。在灯光的热辐射作用下，天然酵种很快就能达到该温度。

→ 在接下来的 4~5 天内，每隔 24 小时就重新加入 100 克水和 100 克全麦面粉，并与原来的面团混合均匀。

→ 在数日之后，天然酵种中的气体会膨胀，面团变酸，先是有些难闻，不过之后就会散发出香味。

→ 从制成的天然酵种中取出 100 克左右。它在冰箱中最多可保存 14 天，或者把它作为酸酵头，用于喂养一块全新的天然酵种。

建议在天然酵种制成的最初 2~3 周内，每隔 1~3 天定期加入面粉和水进行喂养，以稳定和增强天然酵种及其所含微生物的特性（见下文天然酵种的喂养）。

第一块天然酵种中剩余的部分（700~900 克）可以经过一定的处理长期保存（见第 189 页），或者作为废料丢弃。当然，你还可以选择直接用它烘焙面包。可以按照配方规定的用量取用天然酵种，并将其揉入面团中。考虑到此时的天然酵种还不具备足够的发酵能力，应该不断加入一些鲜酵母（为面粉用量的 1%~2%）。

天然酵种一旦在制作过程中长出霉菌，闻上去就会有一股特别浓烈的醋酸味，就算过了 4~5 天之后还会恶臭不散，或者会变成红色、绿色、蓝色、黑色以及其他不正常的颜色。这是由于我们不希望出现的一些微生物侵袭并破坏了面团。你应该丢弃这些面团，一切从头开始，并清除所有可能存在的污染物。

培养成功的天然酵种（根据面粉种类的不同）应呈现浅黄灰或浅米灰的色泽。若将天然酵种静置一会儿，就能观察到其表面会渗出稀薄的灰色液体，这就是发酵过程中产生的酒精。这种现象非常正常，只要略加搅拌，这些液体就能重新混入面团。

要想培养一种新的天然酵种，比如小麦天然酵种或者斯佩尔特小麦天然酵种，只需将现有的天然酵种重新喂养一下。将想使用的面粉（比如 1050 号小麦面粉或者斯佩尔特小麦面粉）与等量的水混合，然后把陈天然酵种（比如黑麦天然酵种）作为"酸酵头"加入其中，接种成新的天然酵母。之后的步骤和喂养天然酵种时一样（见下文）。每次喂养都会用到新的面粉，这就减少了来自于接种面团中外来面粉的含量。

激活天然酵种——喂养

　　通过喂养，天然酵种重新变得富有活力而健康。此外，使用酸酵头还能缩短制作新的天然酵种的时间。不然的话，在每次烘焙之前都不得不耗费数日来制作一块新的天然酵种。

　　请将天然酵种保存在冰箱中，最迟在14天后进行喂养。虽然天然酵种中的微生物活跃度降低，但是依然会降解面团中所含的糖。正因如此，随着时间流逝，面团中微生物的发酵能力逐步减弱，几乎无法再生成酸。因此，需要经常给天然酵种补充新的营养物质。

　　为此，可准备一个干净的容器（最好是可密封的玻璃瓶），在其中将一定量的面粉与水混合，再取出保存于冰箱中作为酸酵头的陈天然酵种，掰一小块加入。

　　将混合物在室温条件（18~22℃）下静置数小时，其体积会膨胀为原来的2倍，并冒出很多气泡。所用酸酵头的量不同，天然酵种的成熟时间也不同。

小贴士
　　为了保持天然酵种的稳定性和活力，必须确保面团中含有一定量的微生物。所以，你每次至少要使用50克的水和50克的面粉。此外，你也可以依据烘焙当日所需的天然酵种来确定面粉和水的用量。

　　那些用于培养新天然酵种的陈天然酵种被称为酸酵头，你既可以将它作为增味剂（芳香酸）揉入面包面团，也可以干脆作为废料丢弃。

通常情况下，我们会从新的天然酵种中取出和之前加入的酸酵头等量的天然酵种单独保存，以使用于下次培养天然酵种。虽然新的配方可能要求天然酵种使用其他面粉喂养，但是经验证明，酸酵头和天然酵种的种类并无关系。酸酵头能使酸的生长具有稳定性。掺入的酸酵头会在主面团中一起被烘焙。

　　一般的喂养过程按如下步骤进行：

步骤1
　　将50克1150号黑麦面粉（或者1050号小麦面粉或者斯佩尔特小麦面粉）与50克水及10克酸酵头（冰箱中取出的陈天然酵种）混合均匀。

步骤2
　　在室温条件（20~22℃）下加盖静置10~14小时。

步骤3
　　在冰箱中（4~8℃）加盖保存（天然酵种塌缩，流动性更强）

步骤4
　　7~14天后，在一个新容器中重复以上步骤。将保存于冰箱中的天然酵种作为酸酵头使用。剩余的天然酵种（约100克）可作为废料丢弃，或者进一步加工使用。

小贴士
　　为了确保用以培养新天然酵种的酸酵头具有较高的活力，应预先对其进行喂养，这样一来，微生物能使新的天然酵种更好地发酵和酸化。面包烘焙中使用的天然酵种，应是步骤2中制成的有活力的天然酵种，而非步骤4中的。剩余的天然酵种可以和步骤3中所描述的一样，放入冰箱中保存，之后再加以喂养。

存放时间比较长的酸酵头（超过2周）要进

行酵母菌培养，以确保面团具有足够的膨胀能力。将约 20 克酸酵头、50 克面粉和 50 克水混合均匀，在 25~30℃的温度下盖住静置 5~8 小时。在发酵后的面团中再取出 20 克，混入 50 克水和 50 克面粉，在同样条件下再进行发酵。在重复操作 3~4 次后，面团中就能培养出足量的酵母菌了，喂养后的酸酵头也可以作为培养天然酵种的基础了。

失去控制？

天然酵种的培养需要有所控制。有很多因素共同影响着天然酵种的特性，比如酸酵头的量和活力、水的用量、面粉的种类、温度、时间以及其他原料（比如盐）。诸多因素的共同作用下，生成的天然酵种各具特性。通过调整这一系列因素从而把控天然酵种的特性被称为天然酵种的制作。

天然酵种的制作可以一步完成，也可以分多步完成。对于通过多个步骤制作而成的天然酵种，我们可以更有针对性地调整其酸度和酵母菌的含量。在专业领域，我们会有目的地控制一些关键参数，尤其是温度。

在家庭厨房中，很难有针对性地调控温度，因此建议采用室温条件下即可进行的天然酵种一步制作法。

经多步制作而成的天然酵种中酸的含量较低，所以其保鲜能力更强，于是现在人们也越来越多地将天然酵种和经浸泡的面粉用于面包烘焙了。此外，使用天然酵种还能给面包增添一分浓郁、均衡和微酸的香气。不过，经多步制作而成的天然酵种也有缺点，其酸度和发酵能力很大程度上取决于加工的时间点和温度，

混合面粉、水和酸酵头

成熟的天然酵种

加工精度也比一步制作而成的天然酵种要求更复杂。一步制作而成的天然酵种在充分发酵的情况下，酸含量几乎不会发生什么变化，对温度也不太敏感，温差在5℃之内并不会对发酵造成什么影响。

通常情况下，家用的天然酵种会在20~25℃发酵。在此温度范围内，先得以繁殖的是酵母菌和能生成醋酸的乳酸菌。此时，面团中酸的含量高于30℃下的面团中的含量。

一般情况下，天然酵种的温度在一开始时要高一些，随着面团的发酵，其温度会逐渐降低。天然酵种中最开始会生成乳酸，之后酵母菌则开始繁殖。

适合家庭的一步制作法

天然酵种一步制作法在室温下即可进行，是培养可用天然酵种最为便捷的方法，尽管这种方法可能并不是最为理想的。制作时依据不同的配方也有不同的操作方法。

多数情况下，将等量的面粉和水混合，再加入10%的酸酵头（基数为天然酵种中的面粉用量），比如100克面粉就相应加入10克酸酵头。将混合后的面团放在20~22℃发酵20~22小时。

温度的下降有利于酸的形成，因此可将面团盖好，放入烤箱中，并打开烤箱里的灯（约30℃），静置15~16小时。当然，也可以在恒温28℃下将其静置约15小时。要注意，这种情况下加入的酸酵头量不得超过天然酵种中面粉用量的2%。

除了温度以外，实际的发酵时间很大程度

表格6
各种因素对黑麦天然酵种的影响

影响因子（越……）	结果（越……）
面团中的黑麦面粉含量越高	
面粉的型号越大	酸化的程度越高
面粉的酶活力越高	（面团中天然酵种的比重越大或天然酵种制作时醋酸的含量越高）
面包越重	
面团越柔软	
酸酵头量越多	酸化过程越快
含水量越高	面团越柔软；最理想的情况：在要加工为天然酵种的面粉中加入面粉用量80%~100%的水
制作时温度越高	天然酵种越柔和，发酵能力越差
盐含量越高（2%~3%）	酵母形成及酸化的过程越微弱，出现的时间越迟，加工过程中错误的影响会越小

上还取决于酸酵头的活力，这就需要你时刻留意观察。

　　在较为温热的环境中制作出的天然酵种会产生较为柔和的香气。但请注意，由于较高的温度不利于酵母菌的繁殖，你需要往面包面团中加入少许的酵母（面粉用量的 1%~2%）。

　　在天然酵种一步制作法中，就某些面包和步骤而言，你还可以进行各种各样的尝试，比如调整盐的用量，或者在发酵时间缩短的情况下增加酸酵头的用量。一旦你在制作天然酵种方面积累了足够的经验，那么这种尝试将是非常有意思的。

天然酵种多步制作法

　　与天然酵种一步制作法类似，存在着各种不同的天然酵种多步制作法，其中我们优先选用经典的三步制作法。

　　在天然酵种多步制作法中，相对精准的温度调控显得尤为重要。在自家的厨房里，你不妨借助烤箱（打开灯）或者暖气进行操作，但请务必使用温度计经常测量天然酵种的温度，如有必要对其进行调整。

　　如果用发酵箱就要简便些，当然只有狂热的烘焙爱好者才会这样做。如果你有兴趣，可以花数百元在经销烘焙用品的商店或者网上购买到发酵箱。它可以使天然酵种处于恒温状态下，甚至可以分时段控制温度。此外，网上还有自制简易发酵箱的相关介绍。

　　由于制作过程中不断变化的温度和水的含量相互组合，用三步制作法制成的天然酵种烘焙出的面包特别易于消化，口感也更加柔和可口。每一个步骤中用的天然酵种都由上一步骤制成，通过多次喂养，最后得到的天然酵种可以达到刺激某些特定微生物进行繁殖的目的。

　　在诸多天然酵种三步制作法中，家庭制作中比较适用的是德特莫尔德天然酵种三步制作法。这种方法一般会使用黑麦面粉进行制作，

当然，也可以使用其他种类的面粉。这种方法的优点在于，第二次喂养的时间比较灵活机动。根据时间预算，你可将该过程控制在 15~24 小时。同时相应地，也要让面团保持较高（27℃）或较低的温度（23℃）。第一次喂养的面粉用量较少会对面团产生一些不利的影响。这对那些专业烘焙店来说并没有什么关系，但是对家庭烘焙中仅够制作一两个面包的天然酵种而言，其面粉的初始用量有着严格的数值控制。一旦面粉用量低于该值，天然酵种的不稳定性和易受侵蚀的风险就会增加。因此，在喂养过程中请务必注意保持天然酵种洁净，原料用量精准，以避免细菌的滋生。

辨别发酵完成的天然酵种

　　要想使用天然酵种成功进行烘焙，关键在于对已经充分发酵的天然酵种准确辨别，尤其是在没有额外添加酵母的情况下。

> 发酵好的天然酵种有股好闻的酸味，略带果香，呈健康的浅黄色至奶油黄色（小麦天然酵种）及灰色至棕灰（黑麦天然酵种）色。如果天然酵种发酵得很好，体积至少会变为原来的 2~3 倍。

　　在发酵过程中，天然酵种在发酵气体的作用下会不断膨胀向上拱起至某一点，然后它的生长停滞。一旦抵达这个点，天然酵种就算是发酵好了。最简单的方法是，你仅凭借精确的观察即可确认这个点的位置。当然，这在实际操作中并不完全可行，你还可以时不时地晃动装天然酵种的容器。在晃动时，如果面团的结构保持稳定，就应该继续将其静置发酵，但如果面团软绵绵地塌下来一些，说明其已发酵充分，是时候对其进行下一步加工了。

　　一步制作法制成的天然酵种具有较好的发酵耐力，也就是说，即便它已经完成发酵，也

能在较长的一段时间内保持稳定。一旦已经膨胀且向上拱起的天然酵种在 20 分钟后体积一直没有发生变化，那么你就可以对其进行下一步加工了。要辨识面团是否充分发酵，丰富的经验必不可少，配方中给出的参考时间可能对你有所帮助。

小贴士

你也可以用较厚的一层黑麦面粉覆盖在天然酵种上。这样，天然酵种就能更好地保持自身的温度。你如果富有经验，只稍观察面粉表面出现的裂缝，就可以估计出天然酵种的成熟程度。当然，你要将撒在天然酵种上的黑麦面粉的用量从主面团的黑麦面粉的用量中扣除。

正确保存天然酵种

可采用不同的方法保存天然酵种，之后再将其取出并和新鲜的面团混合。保存方法的选择取决于上一次烘焙和下一次烘焙之间的间隔。

基本上，我们可以通过调节含水量来控制天然酵种的保存时间，从而再次使用时不必重新喂养激活。天然酵种越是紧实，其在较低温度（4~10℃）下的保存时间就越长。如果预计在未来 3~4 周内不用该天然酵种，不妨用少量的水和面粉（比如 100 克面粉、60 克水、20 克酸酵头）对其进行喂养，随后将其保存在 6~8℃ 的冰箱内。较低的含水量可以抑制微生物的活力。在保存一段时间之后，可将天然酵种取出作为酸酵头使用了。

表格 7
德特莫尔德天然酵种三步制作法示例

	1. 第一次喂养的天然酵种	举例（酸酵头 10 克）	2. 第二次喂养的天然酵种	举例（取 50 克第一次喂养的天然酵种）	3. 成熟的天然酵种	举例（取 450 克第二次喂养的天然酵种）
面粉	酸酵头重量的 2 倍	20 克	天然酵种重量的 5 倍	250 克	天然酵种重量的 1.5 倍	675 克
水	酸酵头重量的 3 倍	30 克	天然酵种重量的 3 倍	150 克	天然酵种重量的 1.5 倍	675 克
湿度	液态		稍稠		黏稠	
温度	25℃		23~27℃		30℃	
面团得率		240		167		190
成熟时间	6 小时		15~24 小时		3 小时	
目标	激活酵母菌		酸化，产生香气		酸化，具有发酵能力	
总重量		50 克		450 克		1800 克（+10 克酸酵头）

→ 原料混合后的黑麦天然酵种

→ 发酵中的黑麦天然酵种

→ 充分发酵的黑麦天然酵种

→ 完全成熟的黑麦天然酵种中充满气泡

→ 已经塌缩，发酵过度的黑麦天然酵种

→ 原料混合后的小麦天然酵种

→ 发酵中的小麦天然酵种

→ 完全成熟的小麦天然酵种

→ 已经塌缩，发酵过度的小麦天然酵种

碗中一瞥

　　除了通过常用的方法制作成的天然酵种以外，还有很多其他的天然酵种，它们有着独特的名称。有一段时间就很流行以男性名字来命名天然酵种，比如赫尔曼或者西格弗里德。这些天然酵种主要由水、糖、乳制品和小麦面粉混合而成，多用于蛋糕烘焙。根据其中糖的不同，也有部分适用于面包烘焙。当然了，我们常用的面粉加水混合制作天然酵种的方法依然是更优的选择。

　　最初，那些典型的意大利烘焙食品，诸如夏巴塔和潘妮朵尼都是用一种特殊的、发酵能力很强而含酸量低的小麦天然酵种烘焙。它被叫作利艾维托·马德雷（意为"酵母之母"），是意式酵头的基础。利艾维托·马德雷可作为烘焙酵母的补充或替代，也同样适用于其他种类的小麦烘焙食品。根据经验，利艾维托·马德雷的用量应为面团中面粉用量的10%~30%。另外，要根据利艾维托·马德雷中所含水和面粉的多少，相应地减少面包面团中水和面粉的用量。

　　和其他种类的天然酵种一样，在利艾维托·马德雷中也需连续多日加入面粉和水喂养，直至微生物开始繁殖。为了激发面团中酵母的活力，发酵温度要保持在20~26℃。为了促进微生物的繁殖，我们需要在一开始就制作较为湿润的面团，之后面团会慢慢变得紧实。面团含水量的减少会抑制乳酸菌的繁殖，并使得面团中酸的含量维持在较低的水平。

　　此外，我们还可以借助很多别的方法制得利艾维托·马德雷。在一些方法中，一开始制作的面团就比较紧实；而在另一些方法中，面团中会额外加入糖以迅速地给酵母菌补给养分。

　　为了更好地促进微生物的生长，建议在一开始就使用较为柔软的面团。

　　冷藏（4~6℃）的情况下，利艾维托·马德雷可保持发酵能力长达4~8周，但需注意的是，在烘焙开始之前，应先将其在20~26℃的温度下进行激活。

　　此外，我们还可以考虑将一块手头上现成的富含酸的天然酵种转换为利艾维托·马德雷。

表格8
保存天然酵种的方法

方法	保存时间	评价
潮湿的天然酵种（液态）	在盖好的玻璃瓶或食品级的塑料容器内保存1~2周（4~8℃）	能确保天然酵种最大的活力和稳定性，无须激活；一旦表面出现酒精可以加以搅拌
碎屑状天然酵种（固态）	保存3~12周（4~8℃）（手指蘸上大量的面粉涂抹在天然酵种表面）	如果因为度假或生病等原因中断烘焙，该酵种依然有效；合适的激活时间（将碎屑和水以1:1比例混合，并在22~26℃静置2小时左右）
冷冻的天然酵种（冷冻）	保存约1年（保存在密封良好的容器内，并尽可能将温度降至–18℃以下）	快速的救急方法；微生物的死亡会导致酵种活力大打折扣；激活时间非常长（解冻，并在室温条件下静置1~3日，直至生成小气泡）
干燥的天然酵种（干化）	保存多年（将天然酵种平铺在烘焙纸或保鲜膜上，晾干后将其捣碎或者磨成粉）	是长久保存的理想方式，但并非所有酵母菌株都能存活下来；较长的激活时间（将粉末和水以1:1的比例混合，在室温条件下静置5小时左右）

→ 原料混合之后的利艾维托·马德雷

→ 发酵中的利艾维托·马德雷

→ 完全成熟的利艾维托·马德雷

→ 完全成熟的利艾维托·马德雷中充满了气泡

→ 已经塌缩，发酵过度的利艾维托·马德雷

将 1050 号小麦面粉和水混合后，再加入一些现有的天然酵种作为酸酵头，在 20~26℃的室温下静置至成熟。在面团中分 3~4 次揉入成熟的天然酵种，这样就能制得具有足够发酵能力的利艾维托·马德雷了。

意式酵头——意式风味

意式酵头的湿度多少才合适，业界一直有不同的看法。最早的意式酵头中水的含量极低，仅为面粉用量的 40%~60%。在酵母含量为 1%、发酵温度为 16℃左右的情况下，充分发酵要 18~20 小时。

> 在 100 克小麦面粉中，应加入 40~60 克水及 1 克的鲜酵母。重要的是，最好直接用手和面。一开始，由于水的用量比较少，面粉和水结合后呈絮状。厨师机无法将这样的絮状物和成大面团。

完全成熟的意式酵头的样子像海绵酵头（见第 196 页），然而却有更强烈的酸味和更为浓郁的果香味。但一旦过度发酵，它就变得越来越苦并很快会腐烂变质。

要制作富含糖和脂肪或者极为柔软的面团，通常可以使用意式酵头。由于意式酵头发酵温度较低，时间较长且较为紧实，更有利于酸的形成，并且使面团中的面筋网络更加稳定。在制作面筋含量较高（比如硬粒小麦面粉）的面团时，应注意控制意式酵头的用量，或者索性不用意式酵头。否则的话，面团会几乎失去延展性，稍微加工就会出现裂纹。

如果使用利艾维托·马德雷代替普通酵母制作意式酵头，那么应加入等量的利艾维托·马德雷和小麦面粉，用水量则为小麦面粉用量的 50%（比如，100 克利艾维托·马德雷、100 克小麦面粉和 50 克水）。在 16℃下静置 20~22 小时，意式酵头就制作完成了。

波兰酵头——法式风味

波兰酵头（法式酵头）是一种 19 世纪末在波兰发明的酵头，经奥地利传入法国。波兰酵头是除小麦天然酵种之外制作法棍最为重要的酵头之一。

波兰酵头的典型特征是比较稀薄，质地柔软甚至几乎呈液态。它能改善面包皮的酥脆程度，还能延长面包的保鲜时间。

> 为了制作波兰酵头，需用一把勺子或一个打蛋器将等量的小麦面粉和水搅拌均匀。此外，还需加入极少量的鲜酵母，用量约为面粉用量的 0.1%。也就是说，100 克面粉和 100 克水制成的波兰酵头中仅含有 0.1 克的鲜酵母。将混合物在室温（20℃左右）下发酵约 20 小时。

还有另外一种制作波兰酵头的方法，即低温发酵。采用这种方法时，同样要将等量的水和面粉混合，不过此时加入的酵母量约为面粉用量的 1%。在室温条件下，面团将在 1~2 小时发酵，然后将其放在温度为 4~6℃的冰箱内发酵 20~24 小时。

成熟的波兰酵头表面有不均匀的隆起，并充满气泡。若轻微晃动，波兰酵头表面一些较小的区域就会塌缩。如果整个酵头已经完全塌缩，就不能再作为面包面团的酵头。由于酵头味道发生了变化，发酵能力也不足，最糟糕的情况下，这有可能使制成的面包难以入口。发酵好的波兰酵头闻上去有一股柔和的香气，并带有一丝水果和坚果的弱酸味。

经验证明，波兰酵头的用量应为面团重量的 30%~40%。而在制作波兰酵头的过程中，面粉用量为面粉总用量的 20%~30%，这不会对烘焙食品产生任何不良影响。

较长的发酵时间及较高的含水量，使得面

粉和酵母中所含的酶能将大部分的单糖分解为水、酒精和二氧化碳。这会导致面团中的糖分不足，而糖恰恰是发酵初始阶段酵母菌所必需的营养物质。因此在这种情况下，建议你在面团中加入麦芽或者糖（面粉用量的0.5%~1%）。此外，波兰酵头中的酶还会将蛋白质分解为氨基酸，而氨基酸正是面包产生丰富香气的源泉所在。但与此同时，面筋的作用也会被削弱。因此，使用波兰酵头可以使面团更具延展性。

海绵酵头——万能选手

海绵酵头类似于波兰酵头，用水量为酵头中面粉用量的60%左右，但它比波兰酵头要黏稠得多。其所用的酵母量为面粉用量的0.1%，因此需保证其发酵时间。

比如，将100克小麦面粉、60克水和0.1克鲜酵母混合均匀，在20℃左右的温度下发酵20小时以上。

它的香气比波兰酵头的更酸甜一些。

当海绵酵头的表面出现明显的隆起，并布满微小的气泡时，这就意味着它已经完全成熟。海绵酵头的内部十分松软并呈蜂巢状。在其表面的某些地方，你可以观察到纤细的裂纹，酵头就容易在这些地方出现塌缩。一旦酵头已经彻底塌缩，就应丢弃，否则它会削弱面团的湿度，并破坏其应有的香气。

海绵酵头作为酵头能够强化面团中的面筋网络，并对糖和脂肪起到抑制作用，因此也常用在富含糖和脂肪的面团中。

表格9
利艾维托·马德雷的制作示例
（建议在第一阶段不要使用1050号小麦面粉，而是使用全麦面粉，以便获得足够多的微生物作为发酵的基础。每一阶段生成的面团中仅有一部分会被用于下一阶段。剩余部分可作为废料丢弃，或者加入面团中。）

发酵时长 （23~26℃）	上一阶段的面团	1050号小麦面粉	水	面团得率
约24小时	—	初始用量（W）	W	200
约12小时	2W	1W	1W	200
约8小时	3W	1.5W	1W	180
约6小时	4W	3W	2W	172
约5小时	3W	3W	1.5W	158
在4~6℃保存	7.5W（所有的）	0.75W	—	150
喂养 （10~12小时）	上一步做好的天然酵种作为酸酵头	与酸酵头用量相等	酸酵头用量的1/2	150

用意式酵头制成的粗孔夏巴塔

举例：

发酵时长 （23~26℃）	上一阶段的面团	1050 号小麦面粉	水	总重量
约 24 小时	—	50 克	50 克	100 克
约 12 小时	100 克	50 克	50 克	200 克
约 8 小时	100 克	75 克	50 克	225 克
约 6 小时	200 克	150 克	100 克	450 克
约 5 小时	150 克	150 克	75 克	375 克
在 4~6℃保存	375 克	37.5 克	—	412.5 克
喂养（10~12 小时）	50 克	50 克	25 克	125 克

→ 原料混合之后的意式酵头

→ 发酵中的意式酵头

→ 完全成熟的意式酵头

→ 完全成熟的意式酵头中充满了气泡

→ 已经塌缩，发酵过度的意式酵头

→ 原料混合之后的波兰酵头

→ 完全成熟的波兰酵头

→ 已经塌缩，发酵过度的波兰酵头

→ 原料混合之后的海绵酵头

→ 发酵中的海绵酵头

→ 完全成熟的海绵酵头

→ 完全成熟的海绵酵头中充满了气泡

→ 已经塌缩，发酵过度的海绵酵头

→ 原料混合之后的中种面团

→ 发酵中的中种面团

→ 充分发酵的中种面团

→ 充分发酵的中种面团中充满了气泡

中种面团——旧貌换新颜

被称为中种面团的酵头，是上一次烘焙之前预留的面团（需冷藏保存）。在保存数日之后，将它与面粉和水混合，为其中的微生物提供营养。这样一来，到了烘焙当日，这种酵头就已充分发酵并飘出香味，可以使用了。

时至今日，我们依然可以这么做。但是对烘焙爱好者来说这个方法并不实用，因为烘焙时几乎不会留下什么面团，因此我们可以专门制作中种面团。

> 将小麦面粉、水、鲜酵母和盐充分混合均匀，其中水、鲜酵母和盐的用量分别为酵头中面粉用量的65%、3%、2%。在室温（20℃左右）条件下发酵1小时，接着放在温度为4℃左右的冰箱内冷藏48小时。之后面团应该充分发酵，表面向上微微拱起，面团体积膨胀为之前的2倍以上。面团的结构像蜂巢，其中分布着大大小小的气泡。

通常情况下，中种面团中面粉用量不得超过主面团中面粉用量的20%。

中种面团可以强化面团中面筋网络的结构，并使面包皮酥脆呈现深棕色。加入的盐可以控制面团中酸的形成和酵母菌的繁殖，并使面包口感更加均衡，富有水果香气和温和的酸味。

浸泡面团——浸泡法

> 浸泡法是指和面前将小麦面粉提前用水浸泡。通常情况下，要将面团所需的所有小麦面粉和水快速混合，盖好，在室温下静置20~60分钟。

浸泡面团（见第200页）中的淀粉和蛋白质会吸收水分并粘在一起，淀粉会膨胀，蛋白质——尤其是其中的麦醇溶蛋白和麦谷蛋白联结在一起会形成长条状的面筋链。此外，水会激活面粉中含有的酶，后者进而将面粉中的淀粉分解为糖，之后为加入面团的酵母菌提供养分。蛋白酶同时也开始工作，缩短了部分面筋链的长度，使面团更具延展性，由此使和面过程中的面筋能更好更快地联结起来。

在浸泡过程中，第一批面筋链已结合生成面筋网络，因此可以将面团的折叠时间缩短约15%。这一过程的优势在于，此时的面团中还不包含诸如盐和脂肪这样的抑制性物质；除此之外，折叠时间缩短还能保护面粉中含有的橘黄色物质（类胡萝卜素），这种物质一旦和面团中的氧气过多接触就会被分解（氧化作用）。浸泡之后，纯小麦面包的面包心不再是白色，而呈现奶黄色。同时，由于面团氧化作用的减少，面包的口感也会更佳。通过浸泡，面团的延展性得以增强，可以更好地包裹发酵产生的气体，面包心也更加松软且易切割，并出现明显的气孔。

虽然大多数情况下，浸泡只应将水和面粉这两种物质加以混合，但还是存在两种特殊情况。我们可以将干酵母和诸如波兰酵头这样的液体酵头一并浸泡。干酵母彻底溶解并充分激活需要一段时间，在浸泡过程中，干酵母几乎起不到什么抑制性的作用，只有到浸泡快结束时，它才会发挥作用。液态的酵头中含有很多水分，即便这些水分在浸泡过程中被消耗掉，我们也不必额外加水。酵头中较少的酵母几乎不会影响面筋网络的形成及酶的活力。相反，只有在浸泡之后，面团中方可加入较为紧实的酵头。

还有一种替代方法可以起到同样的效果，即冷泡法。将面团原料中1/4的面粉和水加以搅拌混合，盖好后，在15~18℃的温度下静置8~12小时。冷泡法的优点在于，我们可以在烘焙的前一晚完成这一步骤，这可以节省我们烘焙当日的时间。此外，较长的浸泡时间也有利于生成面筋网络。

在浸泡时，淀粉一方面得以更好地膨胀，另一方面也在酶的作用下和面粉中的蛋白质一同被分解。因此，为了避免弱化面包面团的结构，只能将一部分面粉与水混合后浸泡。

汤种

小麦面粉和水的另一种浸泡方法就是源自亚洲地区的汤种。我们这里所说的汤种指的是一种面糊，其制作方法旨在使面粉中的淀粉更好地糊化。淀粉在高温条件下能吸收高达自身重量数倍的水分，在室温条件下却仅能吸收自身重量30%左右的水分。因此在使用汤种时，要在面团中加入大量的水，否则面团的湿度将发生显著改变。加水使面团得率也有所提高，同时，这又能进一步改善面包心的特性，使其变得更为膨松柔软且富有弹性。此外，这还能延长烘焙食品的保鲜时间。

要制作汤种，先要用打蛋器将面粉和水以1∶5的比例混合均匀，确保不出现结块，之后将其倒入锅中加热到60~65℃。达到要求温度时，混合物开始变得黏稠（糊化）。

在加热过程中，可以不用温度计测量温度。更实用的做法是，直接将面糊煮沸。重要的是，在此过程中要不停地用打蛋器搅拌混合物以避免出现结块，同时这也有助于面糊受热均匀。一旦面糊变得黏稠，就应停止加热，接着再继续搅拌2分钟，直到面糊变得更黏稠，从锅底部分脱落并粘在打蛋器上。之后，将汤种放在容器中盖好冷却，在阴凉处可保存1~3小时，放于冰箱中冷藏可保存1~2天。

汤种既可用于制作富含小麦面粉的烘焙食品，比如甜糕饼或吐司面包，也可用于制作混合面包或者小面包。通常情况下，汤种中小麦面粉的用量为主面团中小麦面粉用量的1%~5%。如果糊化的面粉比例过大，面筋网络和面团的膨胀能力都会被削弱，因为酶在65℃条件下就会凝结（变性）而无法再在面团中发挥作用。

由于型号较小的面粉中淀粉含量最高，因此这些面粉比较适用于制作汤种。

表格 10
不同种类小麦酵头对面团及烘焙食品产生的效果

	波兰酵头	海绵酵头	意式酵头	中种面团
面粉	100%	100%	100%	100%
水	100%	60%	50%	65%
酵母	0.1%	0.1%	1%	3%
盐	—	—	—	2%
温度	20℃左右	20℃左右	16℃左右	4℃左右
发酵时间	20 小时左右	20 小时左右	18 小时左右	48 小时左右
效果	柔和的水果香气；面团延展性强（面筋网络结构较弱）；面包皮更加酥脆；更长的保存时间	柔和的酸香；面团更为紧实（面筋网络结构结实）；更长的保存时间	柔和的坚果香气；面团更为紧实（面筋网络结构结实）；更长的保存时间	浓郁的水果和坚果香气；面包皮更加酥脆呈深棕色；更长的保存时间

→ 浸泡的第一步：混合小麦面粉和水

→ 原料混合之后，面团内几乎没有生成面筋网络（面团断裂

→ 浸泡30分钟后的面团（面团变得更加紧实，更富延展性）

→ 混合汤种的原料（面粉和水）

→ 加热前呈液态的面糊

→ 加热后吸水膨胀的汤种（面粉中的淀粉糊化）

由小麦粗磨谷粒和水组成的浸泡混合物

冷泡混合物、热泡混合物和烹煮混合物

　　严格来说，冷泡混合物、热泡混合物和烹煮混合物都是由未加入膨胀剂，仅加水浸泡的谷粒或种子制成的酵头。浸泡混合物主要用于烘焙含有谷粒或者种子的面包。全麦面粉和小颗粒的粗磨谷粒能在天然酵种中得以充分泡涨，而中等颗粒及较大颗粒的粗磨谷粒则只有在不同种类的浸泡混合物中才能泡涨。如果在制作面团前不事先用水对这些谷物制品进行浸泡，面团得率就会降低（水分含量减少）。这种情况下面团中的原料无法得到充分的浸泡，酶的降解作用和微生物活动所需的水分不足，结果就是面团的膨胀能力减弱，面包心碎裂成屑不好切割，面包体积缩小，不够膨松，变得干巴难嚼，口感变差，保鲜时间也随之缩短。除此之外，含有颗粒较大的粗磨谷粒的面团吸水能力减弱，这就不能保证淀粉在烘焙时具有足够的糊化能力，从而会进一步损害面包心的特性。在面团制作之前将面粉进行浸泡不仅有利于延长面包的保鲜时间，还能增添面包的风味。

　　经验：粗磨谷粒在浸泡时温度越低，其吸水量就越少。和高温下制成的浸泡混合物相比，使用低温下制成的浸泡混合物烘焙的面包更加松软，体积也更大。

表格 11
冷泡混合物、热泡混合物和烹煮混合物一览表

	冷泡混合物	热泡混合物	烹煮混合物
用于浸泡的原料	中小颗粒的粗磨谷粒；种子	较大颗粒的粗磨谷粒	颗粒极大的粗磨谷粒；整粒谷物
原料与水的比例（面团得率）	1：1（200）	1：1.5~2（250~300）	1：2（300）
水温	20~30 ℃	70~100 ℃	100 ℃
浸泡时间	8~14 小时	4~6 小时（冷却后在 6~8 ℃的温度下静置 8~12 小时）	30~60 分钟
所用原料占面团中谷粒或种子用量的百分比	50 %~75 %	30 %~ 50 %	20 %~25 %

冷泡混合物主要是浸泡中小颗粒的粗磨谷粒，当然也包括像亚麻籽这样的种子。将室温（约20℃）下的水和将要浸泡的原料等量混合，盖好后在6~8℃的冰箱内冷藏8~14小时。浸泡混合物放在室温下也可以，但是较高的温度会增加其腐败变质的风险，尤其是在夏天。

小贴士

　　如果你出于时间安排的考虑，想使用更早（8小时之前）浸泡的混合物，就应该在混合物中先加入面团中用到的盐，以抑制微生物的活力（外来发酵）。加入盐还能使谷物吸收含盐的水分，从而使面包的口感更加柔润。

在发酵和烘焙期间，浸泡混合物中的谷物还会不断地涨大，用沸水热泡的混合物中同样如此。所以，含有冷泡混合物的面团中必须加入更多的水。

我们通常在热泡混合物中浸泡颗粒较大的粗磨谷粒。将谷物与等量至2倍量的70~100℃的水混合（在实际操作中可以使用沸水），在室温下静置4~6小时。在家中制作时，当热水温度降至室温后，将混合物继续浸泡8~12小时，接着就可将其放在6~8℃的冰箱中冷藏保存。这样一来，在烘焙的前一晚你就可以将热泡混合物准备好了。为了在这段较长的时间内抑制酶和外来微生物发酵对淀粉和蛋白质的降解作用，除了冷藏保存以外，还可以从主面团原料中取一部分盐加入。

因为较高的水温能使淀粉糊化，所以在浸泡颗粒较大的粗磨谷粒时，浸泡主面团原料中粗磨谷粒的30%~50%即可。

和冷泡混合物相比，如果在热泡混合物中加入过量的热水，不仅会导致淀粉的糊化，从而增加水分吸收量，提高面团得率，还会加速谷粒的涨大。

烹煮混合物适用于整颗谷粒或颗粒很大的粗磨谷粒。将谷物与2倍量的水（比如50克谷粒用100克水）放入锅内，盖上盖，煮开，用小火继续加热30~60分钟使其保持沸腾。在家庭烘焙中，通常将谷物煮开后继续用小火加热30分钟左右，直至谷粒已完全被水泡涨，接着将烹煮混合物在室温下静置冷却，也可在使用前将其放入冰箱中冷藏数小时。

和热泡混合物相类似，在高温作用下，谷物中的淀粉会部分糊化，因此烹煮混合物最多只能使用主面团原料中粗磨谷粒的1/4。

右图：乡村面包（见第13页）

重中之重：影响面团特性的因素

制作出好面包主要取决于三大关键因素，它们能影响面团的特性和表现。

→ 水
→ 温度
→ 时间

根据不同面包的特点，你可以在一定范围内对这三大因素进行调整。面包的原料几乎有无数种组合的可能，而面包的种类更是不胜枚举。

专业面包师通常能有针对性地调整水、温度和时间。其中最主要的便是温度，在家庭厨房内较难实现对温度的精准调控，所以在烘焙时，你要根据当时的具体条件调整面团的制作方法。即使最终的烘焙食品因受外部条件所限而无法尽善尽美，你也应当为自己的作品感到高兴。

水

面团的含水量很大程度上决定了降解淀粉和糖的酶与酵母菌的活力，从而影响面包心的松软度和成孔情况以及面包的体积和口感。面团的含水量越高，其中的酶促反应和微生物作用就越高效。

一般情况下，含水量高的小麦面团制作的面包会比含水量低或者中等的小麦面团制作的面包能形成更大的孔洞。紧实的面团延展性较差，但却富有弹性。相反，柔软的面团则延展性较强，但缺乏弹性。

面团中含有水分越多，面包的保鲜时间就越长。黑麦面粉中包含具有膨胀能力的戊聚糖，它比小麦面粉中的面筋明显能吸收更多的水分，因此这也就延长了黑麦面包的保鲜时间。

面团得率

面团得率反映的是面团用水量和谷物制品（多为面粉和粗磨谷粒）之间的关系，它是衡量面团紧实度的一个重要指标。它的含义是，将100份面粉和一定量的水混合可以得到的面团量。

对烘焙爱好者而言，仅关注净面团得率这一指标即可。通常情况下，我们说的面团得率这一概念是指净面团得率。

将用水量和谷物制品用量之和乘以100，再除以谷物制品用量即可计算出面团得率。

公式：

面团得率=100×（用水量＋谷物制品用量）/谷物制品用量

面团得率为160意味着，面团中每100克面粉中就相应含有60克水，这种面团湿度高。

面团得率低于160的面团是典型的极紧实的面团，而面团得率达165及以上的面团为中等紧实度或松软的面团。

面团得率可以帮助稍具经验的烘焙爱好者迅速地对面团的一些加工特性做出评估，比如面团的紧实程度以及由此带来的诸如面包心膨胀程度这样的产品特性。

另外一个可以和面团得率相提并论的指标是水的烘焙百分比，该指标在非德语区应用得极为普遍。作为一个百分数，它是面团中水分总量除以谷物制品总量得到的数。比如，某一面团中含有 100 克面粉和 60 克水，那么它的水的烘焙百分比就为 60%。

面粉的膨胀能力越强，面团得率就越高，面团也就能吸收更多的水分。正因如此，如果面团中黑麦面粉所占的比重越高，或使用的面粉型号越大，其面团得率就越高。这同样适用于准备阶段的制品（天然酵种、酵头和浸泡混合物）。谷物制品经浸泡后吸收了较多的水分，提高了面团中水的烘焙百分比，这能改善面团得率，并从之前提到过的很多方面最终提高烘焙食品的品质。

面团得率根据其定义，仅仅取决于两个数值，即面团的主要成分——面粉（也可能是其他谷物制品）及游离液体。而实际操作中，我们有可能在加入其他原料（比如糖、油脂）或酵头、天然酵种浸泡混合物后，计算得到一个显示面团软硬的数值，而该数值和面团真实的紧实程度完全不符。这种情况下，我们就要用到一个指标——面团得率（理论值）。此外，有一些原料被视同为水，因此也被算入游离液体中，而另外一些原料则是含有水分但呈固态，这两种原料之间的界限有些模糊。我们可以把液态奶、油（液态）及其他相似浓稠度的液体看作游离液体纳入面团得率的计算，而像酸奶、凝乳、鸡蛋、新鲜干酪等原料虽然也会略微改变面团的含水量，但我们通常并不将其纳入面团得率的计算。

另外还有一个极少使用的指标，即毛面团得率。它的计算方法是，用除谷物制品以外主面团的其他原料总量除以谷物制品用量。

公式：

毛面团得率 =100× 其他原料用量 / 谷物制品用量

其中其他原料用量指面团中除谷物制品外所有的原料总量。

毛面团得率为 185 意味着，面团中 100 克谷物制品相应配有其他原料 85 克。该数值主要作为创作配方和在各配方间进行比较的辅助指标。

若在计算中还考虑到称量和发酵带来的水分损失，那么我们还有另外一个指标——实际面团得率。

温度

面团的温度是影响其发酵和最终面包品质的关键因素。较高的温度能加快浸泡过程，面团更容易吸水，而发酵的过程也随之加速，面团发酵的时间缩短。

较之于小麦面团（22~26℃），黑麦面团需要在更高的温度（27~30℃）下才能实现理想的发酵，因为上述两种温度区间能分别为这两种面团中所含的蛋白质提供最佳的膨胀条件。

面团的温度很大程度上取决于面团中各原料的温度。面团和所用容器壁（或者工作台）之间发生摩擦，机械能通过和面工具传导到面团，于是面团温度在和面过程中升高。

水可以调节面团温度。根据季节及室温的不同、各原料的实际温度（主要是面粉 / 粗磨谷粒）、厨师机型号、和面强度以及和面时间的差异，和面时要分别使用温度不同的液体。

我们可以通过一个简单的公式计算得出合适的水温。

公式：

水温 =(面团期望温度 – 和面温差)×3–(室温 + 面粉温度)

计算举例：

	面团期望温度	24℃
–	和面温差	5℃
=	面团理论温度	19℃

紧实的面团，手工和面（酪乳白面包，见第 21 页）

×3	=		57℃
－	室温		22℃
－	面粉温度		22℃
＝	水温		13℃

　　和面温差是指未揉的面团和揉过的面团之间的温度差，该差是由和面时生成的热量造成的，而该热量的大小又取决于厨师机的型号、面团重量、和面的时间和和面的强度，因此还要凭借一些经验来把控。通常情况下，家用厨师机产生的热量可以使面团温度升高 3~8℃。

　　面团期望温度减去和面温差后再乘以系数 3，3 是可变参数的数量（室温、面粉温度、水温）。如果增加一份或数份温度相同的酵头、

天然酵种或浸泡混合物，那么该系数将升至 4。我们还需要在计算中额外减去面团在准备阶段的升温。如果是从冰箱中取出的浸泡混合物或室温条件下的天然酵种，那么要对它们做出区分，并在公式中分别加减，而在面团理论温度的计算中，应乘以系数 5。

含酵头的计算举例：

	面团期望温度		24℃
－	和面温差		5℃
＝	面团理论温度		19℃
×4	=		76℃
－	室温		22℃
－	面粉温度		22℃

－	面团准备阶段的升温　　7℃
＝	水温　　25℃

在家庭烘焙中，采用上述公式计算水温显得比较烦琐。但你很快就会发现，一开始就将面团温度调整到最理想的状态将非常有利于之后面团的发酵，这样的操作有一系列的优点，只有当最终无比美妙的面包新鲜出炉时，你才能有所体会。

面团将要烘焙时的理想室温为 23~27℃。这个温度看起来较高，但它恰恰是面团的临界温度，如果温度较低，面团的发酵情况就要差一些。另外，将烤箱充分预热，室内自然就能达到理想温度。如果室内未能达到理想温度，你可以采取的补救措施有：打开暖气设备或在较为温暖的室内完成面团所有的发酵过程。

小贴士

如果你的厨房在夏季温度过高，你也可以用冰水和面（1~5℃）。在冬季，如果你的厨房温度过低而不适合烘焙，你可以打开暖气装备或提前对烤箱进行预热，热辐射会释放出很多热量。无论是夏季还是冬季，如果厨房内的温度未能达到面团发酵所必需的温度，你要么推迟烘焙时间，要么通过其他方法将面团的温度调整至理想值。

在发酵过程中，面团的温度有可能发生变化。无论是对于酵母面团还是不同种类的天然酵种面团，在主发酵时都应该处于较低的温度（22~26℃）环境中，这能够有效地促进酵母菌的繁殖。面团一旦整形完毕，接下来的二次发酵就可以在温度为28~35℃的环境中进行，以促进酵母发酵生成酒精。相应地，面团的发酵时间就会缩短。

如果面团温度和发酵温度过低，就会导致面包皮黯淡无光，面包心过于紧实并出现不规则的气孔，面包也变得寡淡无味。相反，如果面团温度和发酵温度过高，面包皮颜色会加深，面包心则充满酸味并且缺乏弹性，同样也会出现不规则的气孔。这两种情况下，面包的保鲜时间都会缩短。如果温度过高，在二次发酵过程中，面团的外部就会比内部更快地发酵，这使得面包心的质量参差不齐，并有可能导致面包心开裂。

时间

时间也是制作高品质面包最为重要的参数之一。它为面团提供了各种各样的可能（较长或较短的和面时间，直接法或间接法），控制发酵时间则为面团的进一步加工制作奠定了基础，这能影响面包的特性、外观及口感。我们可以通过调整面团各阶段的发酵时间来控制面团的特性。

主发酵

主发酵是面团的第一个发酵阶段，在此期间，微生物得以繁殖并生成二氧化碳和酸。主发酵在20~28℃时进行，虽然我们希望面团能稍微晚些膨胀，但此时它已开始迫不及待地松弛膨大，体积有所增加。与此同时，小麦面团开始形成蛋白质化合物，其中部分又在酶的作用下发生降解。在未经用力揉的面团中，折叠面团会中断主发酵过程，但这一做法会重新梳理生成的面筋链，从而确保面团具有良好的可塑性和包裹气体的能力。而排气也会中断面团的主发酵，但这一过程有助于二氧化碳和空气中的氧气进行交换，从而确保酵母菌繁殖的活力，此外还有利于面团温度的均匀。在黑麦面团中，戊聚糖在主发酵阶段膨胀，形成之后的面包心结构。

主发酵的时间是可以调节的，短至10分钟，长达数小时。通常情况下，由于在随后进行二次发酵时需要天然酵种中的酵母提供一定的发酵能力，因此与一般的酵母面团相比，含酵母较少的天然酵种面团在主发酵时所需的时间更短。这也是为何随着面团中小麦面粉的增加，面团的主发酵所需的时间也越长的原因之一。由于在非直接法制得的面团中，部分面粉中的淀粉、蛋白质及戊聚糖已在准备阶段经过浸泡膨胀，所以相较于直接面团，非直接法制得的面团所需的发酵时间也更短些。除此之外，当面团极大时，我们还要考虑到规模效应。发酵的面团越大，微生物的活动就越激烈迅速。我们可以通过减少酵母用量，降低和面时的温度或者缩短主发酵的时间来控制上述现象。对小麦面团来说，和面强度及面筋网络的生成都会对面团的松弛造成一定的影响。和面时间较短的面团中生成的面筋较少，因此需要较长的发酵时间以加固面筋网络，而生成大量面筋网络的面团需要的发酵时间就比较短。

静置

在二次发酵之前，还要对面团进行静置，这样可以使经过预整形的面团有一定的松弛，增加面团的延展性以便于进行最后的整形。这一过程不超过5~15分钟。

二次发酵

二次发酵是第二个发酵阶段，在此期间，面团在较高的温度作用下完成发酵。在30~35℃时，酵母能最大地发挥发酵作用并在面筋网络（小麦面团）及戊聚糖网络（黑麦面团）中生成二氧化碳，从而在之后的面包心中形成气孔。此外，天然酵种面团中还能额外生成乳酸，这将使面包拥有一种温和的酸香。

在家庭厨房里，很难达到面团二次发酵时所需的高温，但温度需要达到24~26℃。在这样的温度条件下，发酵将变得缓慢且不那么强烈。这种并非最为理想的发酵条件会使得面包体积变小，面包皮和面包心的特性变差，并延长了发酵时间。然而，这并不妨碍你制作出可口的面包。

除了温度以外，空气湿度也是一个重要的因素，它可以影响面团表面的延展性和烘焙过程中面团的湿润度。合适的空气湿度可以使得面包皮呈浅棕色，有光泽，并具有一定的酥脆性，同时面包的体积和膨胀程度也会恰到好处。

> 理想的空气湿度为70%~80%。小麦面团要在较为潮湿的空气中进行发酵，而黑麦面团则要在较为干燥的空气中进行发酵。同样地，在家里几乎不可能实现对空气湿度的控制。只要用发酵布或者保鲜膜覆盖面团，就可以提高面团的相对湿度。

二次发酵的时间取决于很多因素，比如酵母用量、面团得率、发酵温度、空气湿度、面粉种类或者天然酵种的用量及活力。通常情况下，二次发酵的时间比主发酵的时间要长，基本上为45~90分钟。与主发酵时的情况相反，小麦面团所需的二次发酵时间通常要比黑麦面团的短。此外，面团得率较高的面团由于含有较多的水分，面团中的各种微生物和生化作用

主发酵时的面团

更为迅速，因此所需要的发酵时间也相应较短。

　　根据二次发酵的时间以及发酵状态的不同，有时还要在烘焙之前再对面团进行一些加工。因为烘焙会使面团进一步的膨胀，所以要事先对面团进行割包以调整其至合适的大小。

二次发酵时的面团

优化面团：和面

和面有助于形成富有弹性的面筋网络，因此它对于小麦面团显得尤为重要。相反，黑麦面团不会生成面筋网络，因此通常只要稍加搅拌即可。即便未经充分揉面，黑麦面粉中的蛋白质和戊聚糖依然可以被水浸泡而充分膨胀。

在和面时要注意，缓慢的混合过程有别于和面过程。在混合时，各原料被搅拌在一起形成一个匀质的面团，面粉颗粒都将吸收水分，酶促反应和微生物活动即将展开。对小麦面团来说，和面时要更用力，用时相对较短；相反，对黑麦面团来说，和面用力要柔和，用时相对较长；而含有大量粗磨谷粒的面团或全麦面团则要在较长的一段时间内慢慢地和，以确保谷粒或全麦面粉能吸收充足的水分。

和面时间

和面的时间取决于很多因素，包括面粉的质量、蓬松程度、颗粒大小、组成成分以及面团的温度和发酵时间。除此之外，和面的技术和速度也起到关键的作用。面粉中蛋白质的含量越高，面筋的强度就越大，和面就要越用力。相比于柔软或者小块的面团，和紧实的大块面团更为容易，因此前者需要的和面时间也就比较长。和面时的温度较高，蛋白质就能更好膨胀，和面时间就可以相对缩短。富含油脂和糖的面团需要的和面时间长，和面力度强。小麦面团由于发酵时间较短，和面时要更用力，原本它要等到发酵阶段方能进一步形成面团，现在我们可以借助机器的帮助完成。

每一种厨师机都有自身的性能特点，有不同的转速、和面挡位和和面方法。鉴于此，和面时间和和面速度仅仅是厨师机的基本参数，通过对面团的仔细观察，你会渐渐适应并学会正确使用自己的厨师机。

用手直接和面可以随时感受到面团紧实程度的变化，观察面团的成形过程也要容易得多。

适时加入原料

那些有可能干扰和面的原料，应当在和面过程已完成 2/3 时加入，小麦面团和小麦混合面团尤为如此。例如，大量的油脂和种子，它们不仅会影响面筋网络的生成，在黑麦面团中还会影响戊聚糖的膨胀。通常情况下，盐也要在稍后加入，因为盐会阻碍水分的吸收，在和面初期不利于面团的成形。一些块状的原料，比如水果、巧克力、奶酪或者坚果，要在最后缓缓地加入面团中。这样做一方面能起到保护面团结构的作用，另一方面也不至于破坏这些添加物的形状和质量。

和面的时间越长，想在不影响面团品质的前提下调整各原料的用量就越困难。多数情况下，最需要调整的是面团湿度，它随面粉质量的差异和所加入原料的不同而产生波动。使用含水量和水分结合能力不同的添加物，比如土豆，这样的调整就尤为重要。

一般来说，考虑到面团所有原料的用量都是基于面粉用量计算而得到的，因此绝不允许采用添加面粉的方法来改变面团的湿度，若之后增加了面粉用量，就必须相应地增加盐和酵母的用量。更好的做法是，在和面开始时不要将液体原料一次性全部加入，而是只加入80%~90%。如果之后面团过于紧实，你就可以在和面过程后期小心地加入剩下的液体原料，直到面团达到期望的紧实程度为止。

面筋网络

通过和面，在小麦面团中可以生成面筋网络。此时，经浸泡而膨胀的面筋链彼此联结，构成了一张薄薄的网，淀粉颗粒就被包裹在其中。面筋和淀粉结合起来，一同形成了之后的面包心。

和面会使麦谷蛋白被拉长，而面筋链也被折叠起来。这两方面的共同作用使面筋彼此联结得越来越紧，面筋链也变得更长、更细。

此外，在和面过程中，淀粉和蛋白质会吸收越来越多的水分，游离态的水不断减少，面团也变得更加紧实。这会增加面团和和面工具之间的摩擦力，面团变热，从而进一步加快了面团膨胀和面筋网络的生成。

面团中的变化

用力和面时导致面团被强烈地氧化，面团中会含有大量的氧气。但因为氧化作用，面团失去了一部分着色剂和芳香物质，用力和出的面团的颜色会很浅，几乎呈白色。若在刚开始和面时便加入盐，就可以抑制和面时的氧化作用。但氧气对面团而言也并非一无是处，它与蛋白质分子结合，从而增强了麦谷蛋白间的联结，提高了面团的加工耐力。除此之外，由于发酵产生的细菌在面团中还会形成细密的气孔，这为发酵产生的二氧化碳提供了藏身之处。因此，氧气对于面包心中气孔的形成起着关键性的作用。和面有助于面团中的面筋生成良好的网状结构，并最终在面包心中形成更细微、更均匀的气孔，还会增加面包的体积。但这样一来，面包口感和保鲜时间则会受到一定的影响。为此，主发酵的时间应控制得短一些，而二次发酵的时间则应该长一些。

表格 12

面筋的形成对面团和烘焙食品产生的影响

	面筋网络强度		
	弱	适中	强
和面时间	短	适中	长
面团	柔软，松散	中等紧实度，湿润	紧实光滑
主发酵时间	长	适中	短
二次发酵时间	短	适中	长
面包心	空的，不规则的气孔	气孔由小变大	均匀的小孔
面包心颜色	奶油色	淡奶油色	白色
面包体积	小	适中	较大
口感/香味	特别丰富，极为浓郁	丰富，浓郁	单调，有些寡淡
保鲜时间	非常长	长	一般

和面时间较短的面团中形成的面筋网络质量较差，面团几乎未被氧化，只是掺入了一部分氧气。因此，面包中的芳香物质和天然的面包心的色泽都得以保留。在较长的主发酵时间内，我们有必要额外采取一些措施（比如折叠面团）以促进面筋的形成。此外，和面时间较短会导致面团中的气泡分布不均，从而生成一个空的、气孔不规则的面包心。与用力和出的面团相比，这种面团包裹气体的能力较弱，所以应尽可能地缩短其二次发酵时间。这种面团制得的面包体积也会小一些。

为了使最终制得的面包具有浓郁的香气，面包心色泽自然，建议优先选用适度揉过的小麦面团。在二次发酵过程中，这种面团拥有紧密相连、强度适中的面筋链，使面包拥有了很多优点：理想的体积、诱人的口感、更久的保鲜时间以及松软且布满小孔的面包心。

若在面筋结构已充分形成的情况下继续揉面团，面筋网络就会崩裂，面筋链断开，面团变得更软更黏，可以拉得很长并失去可塑性。如果你能及时发觉这种揉面过度的状态，那么面筋网络的结构还能在主发酵期间重新稳定下来，但这依然会对面团的可塑性、面包心的特性与松软度以及面包体积造成一些不好的影响。对于斯佩尔特小麦面团和黑麦面团，这一点会表现得尤为突出。

面筋的敌与友

影响面筋形成的因素有很多，其中就包括诸如油脂和糖这样的原料。糖的吸水能力特别强，应在和面快要结束时再加入，否则面筋就会失去过多的水分，面筋网络会因此被削弱甚至遭到破坏。

在刚开始和面时可以加入少量的油脂（面粉用量的 2%~5%）。油脂能强化面筋链并使面团更富延展性。但如果你想加入大量油脂，就应该等到面筋网络已基本或完全形成之时。否则，油脂会堆积在面筋链周围并阻碍其结合生成面筋网络。

窗玻璃测试

我们可以通过一个简单的测试来检验面团中面筋网络的生成情况。根据检测结果，相应地终止或者继续揉面团。

取一小块乒乓球大小的面团，用双手手指小心翼翼地将其慢慢拉抻，直至成为一张薄薄的膜。它能透光，其中的面筋链也清楚可见（见第 213 页）。

如果面团在一开始拉抻时就裂开，拉抻后形成的膜还比较厚，说明这时面团颗粒还比较潮湿，粘连性较差，且结构不均匀，面筋网络还没有形成或者没有完全形成。这种情况下，必须继续揉面团。

如果面团在拉抻到 1~2 毫米厚时才裂开，并且一直呈有些粗糙且不均匀的结构，那么这时面团内已经形成了一定的面筋网络。这种情况下，只要在主发酵时采取一定的措施强化面筋网络，比如折叠面团，就可以对面团继续进行加工了。面筋网络强度适中的面团中尚存有充足的着色剂和芳香物质。

如果将面团拉抻到薄如蝉翼，即薄于 1 毫米，面团的透光性很好，如同一块窗玻璃，拥有光滑的表面和紧致的结构，这就表明此时面筋网络已完全生成了。此时的面团包裹发酵气体的能力很强，并能形成结构稳定的面包心。鉴于面筋网络已经差不多完全生成，面团就不会在主发酵时变得更加紧实了。

机器和面

在发明厨师机之前，面包师基本上都是直接用手和面。这样虽然比较辛苦费力，但可以在此过程中更好地感受和把握面团的状态及特

混合原料后，面筋网络形成不佳的小麦面团

→ 短时间和面后，面筋网络形成较好的小麦面团

长时间和面后，面筋网络完全形成的小麦面团

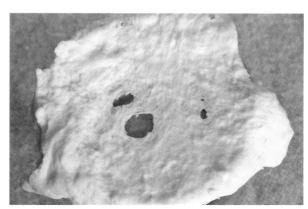

→ 窗玻璃测试：从面筋网络形成不佳的小麦面团中取出一块，拉抻成薄薄的一层

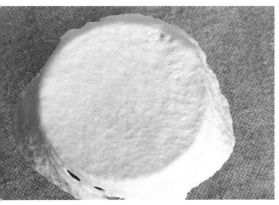

窗玻璃测试：从面筋网络形成较好的小麦面团中取出一块，拉抻成薄薄的一层

→ 窗玻璃测试：面筋网络完全形成的小麦面团中取出一块，拉抻成薄薄的一层

性。如今，烘焙店和家庭厨房基本都用机器和面，不过即便如此，千万不要忘记时不时地用眼观察和用手触摸面团的状态。凭借敏锐的观察力和丰富的触感经验，你可以在面团烘焙前的每个阶段中，找到最恰当的时间点加工面团，或者至少可以避免出现重大失误。

那么，用厨师机和面和用手和面，哪个更好呢？这个问题目前尚无定论。两者各有自身的优缺点。厨师机的最大优点在于可以帮你节省时间：一方面，它能缩短和面时间；另一方面你可将原本用于和面的时间做其他事情。但是用厨师机和面时，和面力度过大或者和面时间过长的风险也会增加。

在实际操作中，我们基本上会用机器和面，即使在家庭烘焙中也是如此。但一般的电动打蛋器并不适用，因此对初学者或者面包烘焙爱好者而言，不妨直接用手和面。你开始经常烘焙面包并把它作为一项长期爱好时，再考虑购买一台厨师机也不迟。

机器和面的优点

→   较短的和面时间

→   可快速投入使用

→   工具清洗简单（尤其是和柔软的面团时）

→   节省时间

→   免除体力上的劳累

→   亦可用于制作十分柔软面团

手工和面

面团中黑麦成分的含量越高，和面的时间就要越短。否则，黑麦面团就会变得很黏，不能再进行手工加工了，在拉抻时会断裂。应在碗中和这种面团，用一把勺子小心翼翼地对其进行充分搅拌，使其中的戊聚糖得以膨胀。

小麦面团只有经过长时间的用力和面才能生成面筋网络。建议先将各种原料放入碗中用勺子搅拌，以免黏手。等到各原料已基本混合均匀，形成结构较为松散但内部成分互相粘连的混合物，再开始在洁净的工作台上开始和面。

手工和面的优点

→   更易感受面团的状态

→   和面时浸泡起到更大的作用

→   面团升温较小

→   真正的手工制作

制作紧实的面团

要想和出紧实的面团，用单手即可完成操作。首先，在工作台上轻轻撒上薄薄的一层面粉，接着，将面团放在上面。惯用右手者将右手的大鱼际（手掌上大拇指根到手腕的肌肉群）放在面团中部，惯用左手者则用左手的大鱼际。手指拢住面团边缘，指尖触碰到工作台，另外一只手放在一旁的工作台上起到支撑身体的作用。大鱼际稍向下施压，就会将面团朝距身体较远的方向推动，同时指尖的位置保持不变。也就是说，大鱼际会向指尖的方向靠近。面团随着手的推动而移动并伸展开来，此时请将手松松地握成拳，手指将展开的部分，折回面团中间。松开面团，手指再次向前伸同时用大鱼际将面团按压紧实。重复之前的步骤（见第215页）。

在撒有面粉的工作台上，经大鱼际的按压揉搓，整块面团被揉成一小块，此时另外一只手也可加入进来。惯用右手者按逆时针方向，即向左旋转面团；而惯用左手者则按顺时针，即向右旋转面团。

通过推压并向中间折回的和面动作，面团中的面筋链得以拉长并彼此联结成网。如果你的动作熟练，那么和面速度自然会不断提升。根据面粉的质量、酵头的使用情况以及其他一

手工和面

紧实的面团

步骤1

用大鱼际将面团朝远离身体的
方向推压

步骤2

将推开的部分折回面团中间，并
用大鱼际按压紧实

步骤3

将面团稍加旋转，重复步骤1

步骤4

重复步骤2，将推开的部分折回
面团中间，按压紧实

步骤5

交替进行步骤1和步骤2，直至面
团紧实光滑。

最终，面团底表面底部光滑，而
顶部则形成接缝

松软的面团

步骤1

抓住面团距身体较远的一端

步骤2

将面团向上提起

步骤3

将面团向上甩

步骤4

将面团用力摔打到工作台上，紧
接着将其向上拉

步骤5

对折面团

步骤6

压实面团。重复步骤1至步骤6，
直至面团达到期望的湿度

些因素，和面的效率或高或低。不管怎样，在和面过程中，原本黏糊糊且湿润的面团会慢慢变得紧实。建议大家在和面的过程中进行一次窗玻璃测试。

在开始和面时，应先用一块面团刮板将粘在工作台上的面团刮起，并在台面上撒薄薄的一层面粉，以确保可以较好地旋转面团。

制作松软的面团

这种方法要用双手和面，并且在未撒过面粉的工作台上进行。面团将被不断拉起再叠起，在此过程中，面筋网络得以生成（见第216页）。

将面团放在干净的工作台上，用双手抓住面团距身体较远的一端，提起面团，使其离开台面。如果面团与台面还是粘在一起，可以先用面团刮板将两者分开。然后，将面团向上甩，使面团在空中几乎呈水平状态。最后，将面团用力向下摔打在台面上。整个过程中，双手握面团的位置始终不变。这个时候，面团的1/2~1/3还粘在工作台上，继续向上拉面团，直至面团出现裂纹，再对折面团。再次用双手抓住面团，将其提起、甩动和摔打。提起面团后，旋转面团。这样一来，根据抓握侧的不同，面团就会顺时针或逆时针旋转90°。

上述步骤要重复进行多次：抓住面团，向上提起，向上甩，摔打到工作台上，向上拉，再对折，在空中旋转90°。

稍加练习，你便可在短短2~3秒内完成上述动作。几分钟后你就能发现，面团有了一定的湿度，而不会再粘在台面和手上了，整个面团变得更加紧实。20分钟后，面团应光滑、紧致且富有弹性，同时也不再黏手。

在该方法中，摔打面团会发出巨大的声响，但这个步骤必不可少。只有摔打面团，才能确保面团中更好生成面筋结构，同时使面团的一端粘在工作台上，从而方便拉起。

拉伸和折叠

对面筋含量较少的面团而言，有必要在面团主发酵时进行再加工，以强化面团的结构。如果在主发酵时不对面团做任何加工，主面团的最终质量就会降低，其中受影响最为明显的就是面团包裹气体的能力，而面包的体积、面包心的气孔以及面包心的特性都会因此受到损害。对面团进行拉伸和折叠，是改善面团结构及赋予面团可塑性的一种极为方便且有效的方法。

拉伸能拉长面筋链，折叠则能促使面筋链之间联结成网，而时间是一个必不可少的重要条件。在折叠面团后，只有经过一定的时间，面筋才能自我组织并联结在一起生成网状结构。采用这种方法，甚至可以使那些只经过混合而未经揉过的小麦面团内部生成稳定的面筋结构。

拉伸和折叠面团通常也可简称为折叠，但其实这个概念始终包含了拉伸和折叠这两个步骤，两者不可分割。

在主发酵时对面团进行折叠的次数取决于之前的和面时间长短、和面后面筋结构的生成情况以及期望中的烘焙食品特性。通常情况下，在主发酵时对面团进行1~4次折叠。

用面粉折叠

折叠面团应当在撒有薄薄的一层面粉的工作台上进行。这种做法适用于紧实的面团。先在工作台上撒薄薄的一层面粉，用双手抓住面团的两端，向相反的方向用力将其拉为尽可能长的长条，但要注意不能使面团断裂。然后，双手抓住面团的两侧，将面团拉宽。最后你会得到一个接近长方形的面团（见第219页）。

用手或者糕点刷扫去面团上多余的面粉。在长方形的短边中任选其中一边，向内翻折至长边1/3处，再将另一个短边同样翻折。此时，面团变得更加厚实，呈现在你面前的差不多也是一个长方形的面团。如果此时面团还非常柔软，富有弹性和延展性，你就可以重复上述折叠动作。多数情况下，此时并不需要反复多次地折叠面团，因为在之后的主发酵时，我们还会进行同样的操作。将折叠过的面团重新放回碗中静置。

关键在于，不要在面团中掺入任何面粉，否则面包中会出现面粉影响美观。此外，面粉还会使面包心不耐嚼。

用水折叠

我们可以用湿润的双手折叠那些柔软的小麦面团或小麦混合面团。用水可以避免面团与工作台发生粘连，并使加工过程更干净、高效。你可以打湿工作台，然后用与用面粉折叠一样的方法折叠面团，只不过此时双手是湿润的。当然，你也可以直接在发酵容器中折叠面团，比如在碗中或者最好是在食品级的长方形塑料盒中。

主发酵时，将面团放在盒子中。将盒子放在工作台上，盒子的长边与身体垂直。用湿润的双手抓住面团远离身体的一端，并尽可能地向上拉起，然后叠在盒子中面团的中间。接着，抓住面团靠近身体的一端，拉起，向前折。将盒子旋转90°，重复上述步骤。最后要确保面团四边均已经得到充分地拉伸和折叠。

用面团刮板折叠

还有第三种折叠面团的方法。这种方法最为简便和迅速，但不如前两种方法有效，适用于柔软的面团。黑麦成分含量相对较高的小麦混合面团由于结构较为松散，比较黏，特别适合采用这种折叠法（见第 219 页）。

可将面团放入主发酵时所用的碗中，然后用一把橡胶刮刀或一块有弹性、无棱角的面团刮板深深插入面团和碗之间，尽力翻起面团。将翻起的面团叠回面团中间。将碗稍作旋转（40°~60°），重复上述操作步骤。当碗被转回原来的位置时，折叠就算结束了。面团总共要折叠 5~10 次，然后再进行主发酵。

拉伸和折叠面团

用面粉折叠

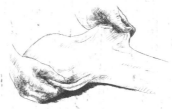

步骤1

用双手将面团拉长

步骤2

将拉长的面团拉宽

步骤3

将短边叠在长边1/3处

步骤4

重新将面团拉成长条

步骤5

将面团短边向长边的1/3处折叠
（重复步骤3、4）

用面团刮板折叠

步骤1

用面团刮板从碗边缘将面团翻
起，叠回面团中间

步骤2

将碗稍作旋转并重复步骤1

步骤3

在多次重复步骤1和步骤2后，面
团变得更加紧实光滑，不容易粘
在碗壁上

美化面团：整形

整形是烘焙专用术语，它是指对面团塑形。通过整形，面团获得特定的形状。整形时，先将面团整成球形，再根据需要整成其他的形状。然而，整形远不止塑造面团形状这么简单。它是使面包心均匀且带有气孔的关键步骤，在此步骤中，大气泡被压破，发酵产生的气体与空气中氧气的交换促进了酵母菌的繁殖，并且面团的温度变得更加均匀。此外，在整形过程中，面团表面会粘上一些面粉，这样就能避免面团表面出现裂纹。

> 整形的目的在于塑造面团的形状，使其表面光滑紧致，并使发酵产生的气体均匀分布其中。

在此过程中，面团表面的光滑平整尤为关键，这样可以避免面包的形状不匀称，也可以避免面团在烤箱中不受控制地开裂。

然而，在整形的过程中又会出现一些新问题，比如说新加入的面粉过多（面包中有干面粉）或者整形不彻底（出现大气孔）。

经过整形，面团的底部会出现一道缝，面团在此处合拢，这道缝被称为接缝。应尽可能地使接缝均匀且恰好位于面团底部正中，否则面团有可能在烘焙过程中开裂。有时候，我们期望面团在烘焙时从接缝处开裂，此时应使面团有接缝的一面朝向上面或侧面。

整为球形几乎是给任何一种面团整形的基础。面团只有在主发酵之后变得更为均匀紧致，才可以整形。通常情况下，我们会在球形面团的基础上，进一步将其整为橄榄形。若想将面团整成一些其他特别的形状，或者某一地区、某烘焙食品所特有的形状，可以借助擀面杖或者面团刮板这样的辅助工具按压、撕扯、推开、拉抻、摔打或者滚动面团。

两次整形之间，面团需要盖好并静置 5~15 分钟，以确保紧绷的面团表面不会在之后的整形过程中裂开。

在短时间静置的过程中，面筋链重新获得了延展性。这时将预整形的面团盖好尤为重要，否则面团表面就会变得干燥，在进一步整形的过程中裂开，这会损害面包皮的特性。

根据面团和面筋的生成状况，有时也可以在预整形之后直接进行最终整形。但是，还是建议大家让面团短时间地静置，因为在这段时间里，面团中微生物的活动会变得活跃，这可以提高面团以及面包的质量。

对小麦面团而言，整形的强度主要取决于面筋网络的生成情况以及面团的湿度。紧实的面团本身已基本成形，因此仅需小心翼翼地进行短时间的整形；相反，柔软的面团要用力整形，以使面团更加紧实，并确保面团在二次发酵过程中保持形状不变。

对小面团来说，整为球形的另一种形式是整为餐包形。首先，大面团被整成球形，进行短时间的静置。然后，大面团被分割成很多个小面团，小面团再被整为餐包形。如果你想制作其他形状的小面包，那么将小面团整为餐包形是对其进行下一步整形的基础。

面团中的黑麦成分越多，整形时就越要小心翼翼。这类面团因为面筋含量较低，其中相互联结的面筋结构较少，所以会更快裂开。黑麦含量极高的面团不能通过整形变得更为紧实。我们可以在双手上抹薄薄的一层面粉，或浸润双手，通过折叠、推开和按压的方式使面团紧实。

无论使用何种整形方法，重要的是不能再在面团中加入太多面粉。因此，要始终确保只在工作台和面团上撒极薄的一层面粉，刚好能使面团不粘在台面上即可。哪怕之后再补撒一层面粉，都要避免因面粉过多而在整形过程中面团掺入过多的面粉，否则面包中会出现干面粉。在整形中使用的面粉要与占面团主要成分的面粉一样。

此外还要特别注意，绝不能过度揉小麦面团。面团表面一旦出现裂纹，就很难弥补。唯一的办法是，将面团放在容器中盖好静置10~20分钟，然后重新整形。然而，即便如此补救，较长的发酵时间以及过度揉面仍会降低面包的品质。

小贴士

其实分别尝试一下，你会发现各种整形方法都不算困难。在下文中，我们将分别描述整形的各步骤。注意，在实际操作中，各步骤有可能在数秒甚至不到一秒的时间里就能完成。随着操作时间的增加，你的动作将变得流畅，一气呵成。请保持耐心并尽情实践吧。你还有可能自己摸索出一套将面团整为球形或橄榄形的实用方法。

整为球形

标准法

这种方法适用于紧实的面团。用这种方法制作出的面包的面包心均匀，不会出现过大的孔洞。这种方法和制作比较紧实的面团类似。

在工作台上撒薄薄的一层面粉，将面团放在上面，在面团上也撒一些面粉。惯用右手者可将右手大鱼际（惯用左手者则将左手大鱼际）放在面团中间，左手起支撑身体的作用，不触碰面团。右手稍微向下施加压力，朝距身体较远的方向推面团。指尖在面团上的位置始终保持不变，大鱼际向前推。面团被推动并展开。将手稍稍抬起，呈空拳状，用手指抓住面团边缘，将展开的部分折回面团中间。手指重新放回原位，用大鱼际将中间这部分面团按压紧实（见第224页）。

手指再拢住面团，重复之前的步骤。整个面团在大鱼际的推压下展开，并在撒有面粉的工作台上旋转，最后成为一团。惯用右手者逆时针（向左）旋转面团，惯用左手者则顺时针（向右）旋转面团。左右手可以同时为两个面团整形。

简易法

这种方法适用于初学者，但有一个明显的缺点：操作时要特别小心。用这种方法处理的紧实面团制作出的面包中的气孔不均匀。这种方法最适合那些柔软的面团或以粗大和不均匀的气孔为特点的面包面团。

将面团放在撒有薄薄的一层面粉的工作台上。面团上不必撒面粉，只需在手上抹薄薄的一层面粉。将面团稍稍按成扁平状，然后用手指提起面团边缘并折回面团中间。将中间的这部分面团用力压实。按顺时针或逆时针的方向稍微旋转面团，之后重复上述步骤，直到面团底部变得光滑而紧致（见第224页）。

面团拉伸和折叠的次数及强度，决定了面包心的情况。拉伸和折叠的次数越多，强度越大，面包心的气孔就越均匀、越细密。

卷起法

该方法要求像卷袖子那样将面团卷起，要注意必须向内卷而不能向外卷。这种方法尤其适用于紧实的面团，几乎可以达到和标准法一样好的效果。用力地将面团向内翻卷和按压，面包心就会拥有均匀的中小气孔。这种方法易学好记，是传统整形方法一种较好的替代方法。

将面团放在撒有薄薄的一层面粉的工作台上。先在双手上涂抹面粉，抓住面团靠近自己身体的那端，大拇指放在面团下面，小指放在面团两侧，其他手指伸展拢住面团。接着，将面团卷起。

面团卷起后，两只手合拢，将面团从边缘向中心收拢。很快你就会发现，将面团从各个方向向内收拢是一种非常高效的方法。这样做的目的是将面团整为一个光滑的圆球。你还会注意到，面团朝向你的那一面是如何变得越来越紧致光滑的。充分加工后，将面团有接缝的一面向下放在台面上，光滑的一面朝上（见第225页）。此时，你可再采用拉动法稍加修整。

拉动法

用拉动法也可以将面团整为紧实的球形。相较于其他三种方法，该方法最显著的特点在于，面团将绷紧的一面是朝上而非朝下的，这样能更好地控制面团的表面特性。此外，这种方法对面团的破坏性小，因为相较于其他方法，面团中发酵产生的气体和气孔分布受到的影响更小。该方法可用于各种湿度的面团，但尤其适用于柔软的面团，用这种面团烘焙出的面包的面包心会布满大而不均匀的气孔。与此同时，这种方法还可作为其他三种方法的补充，对已经整形完毕的面团进行最后处理，面团会变得更加均匀和紧实。尤其是对那些不熟练的初学者，此方法值得推荐（见第225页）。

将面团放在撒有薄薄的一层面粉的工作台上。和上面所描述的简易法一样，将面团展开并折叠3~6次，使其底部稍微变得紧致。此时面团显现球形。然后翻转面团，使面团光滑的一面朝上。此时，再在工作台上撒极薄的一层

面粉（也可以不撒），将双手放在面团后面，两手中指指尖轻轻触碰，手掌边缘紧贴台面。两手拢住面团，小心翼翼地将面团朝身体的方向匀速拉，小指应轻轻地将面团往工作台方向下压。

在面团朝身体方向移动的过程中，面团表面的前半部分就会被拉往下方，加之面团表面受到的压力，面团整个表面就绷紧了。用手指蘸水涂抹面团，为了避免面团与工作台粘连，可以用手指蘸水涂抹台面。但注意，台面不能过于湿润。如果你的手比较大，还可以用大拇指给面团表面的前半部分增加阻力，用小指给面团表面的后半部分增加阻力。

要时不时地旋转面团，以确保面团表面均匀地绷紧。

在拉面团的过程中，要经常观察面团的表面。一旦发现面团的表面有裂纹，就立即停止操作。如果面团始终达不到预想的状态，不妨盖好并静置5~15分钟，然后重复上述步骤。

整为橄榄形

和整为球形相比，整为橄榄形简单得多，其目的在于将面团整为期望的形状，而非排出和交换发酵产生的气体。有很多方法可将球形面团整为橄榄形，经验证明，其中有两种方法比较可行。标准法既适用于小麦面团，也适用于黑麦面团，只不过后者在整形的过程中需要特别小心一些。卷起法只适用于小麦面团和混合面团，这类面团要么自身的延展性极佳，要么在整为球形之后还未完全达到预想的状态。采用卷起法的话，还可选择性地略去预整形这道中间步骤，所以该方法也适用于那些更有弹性、更为紧实的面团。

标准法

将球形面团有接缝的一面朝上（光滑的一面朝下），放在撒有薄薄的一层面粉的工作台

上。将面团对折后，双手放在面团上。如果你的手够大，你的大鱼际和手指尖会触碰到台面，或者你可以调整手部以贴合面团。双手向下用力，来回搓动面团，同时慢慢向面团两端移动，这样面团就开始呈长条形。重复操作，直到面团达到你想要的长度（见第 226 页）。搓面团时，双手距离面团两端越近，向下施加的压力就越大，这有助于接缝更好地合拢。如果用力均匀且操作恰当，最终形成的橄榄形面团就具有椭圆形切面、表面紧致并且向两端逐渐变细。

卷起法

将球形面团有接缝的一面朝上（光滑的一面朝下），放在撒有薄薄的一层面粉的工作台上。双手抹上薄薄的一层面粉，并抓起面团靠近你的一端。将大拇指放在面团下面，其余手指放在面团上面，将面团卷起（见第 226 页）。

整个过程如同卷一张纸，然而不同在于，双手要逐渐向外侧移动，以使面团最终呈橄榄形。此外，在卷面团时要确保工作台上始终有薄薄的一层面粉。

当面团被整成最终想要的形状时，双手平放在面团上向下施压，用力来回搓面团 1~2 次，这样接缝就合拢了。

整为餐包形

要将小面团整为餐包形，先要确保工作台面具有足够大的摩擦力。因此，无须事先在工作台上撒面粉；若面团比较柔软，撒上极薄的一层面粉即可。如果使用的工作台由塑料或木头制成，在给较为紧实的面团整形时，可以先用极少的水将台面打湿；如果台面是自然石材制成，就无须用水打湿。

适用于初学者的方法

这是将小面团整为餐包形的一种较为简易的方法，尤其适用于柔软的面团。先在台面上撒薄薄的一层面粉，用一只手的大拇指、食指和中指捏住面团的边缘，向上稍微提拉，再折回面团中间。将面团稍微旋转，重复以上步骤。很快你就会发现，紧贴台面的那部分面团表面变得紧致了。重复操作，直至面团呈现期望的形状。该方法用力较为柔和，小面团整形前可以用此方法处理面团。这样面团已初具形状，更便于之后的整形（见第 227 页）。

适用于熟练者的方法

将小面团放在撒有薄薄的一层面粉或者未撒面粉的工作台上。若面团比较柔软，还可在手上及面团表面撒薄薄的一层面粉。单手拢在小面团上，大拇指和小指略微收紧面团，接着就可以让面团旋转了。在整个操作过程中，手指尖不能离开台面。旋转的方向无关紧要，但不得中途改变。在旋转的过程中，手掌按压面团，手指触碰到面团边缘时再重新收紧。在此过程中，手指尖应稍稍在面团下方推动。你会看到面团向上隆起并变得更为紧实。而面团表面则在转圈过程中被不断向下拉，变得更为紧绷。在转圈时，掌心应随着面团向上拱起，但同时又要略微向下施压以阻止面团升高。这样，一开始相对扁平的手掌在转 3~5 圈后逐渐拱起（见第 227 页）。最终，面团呈球形，表面光滑而紧致。操作的重点在于用力要快而猛，这样可以避免面团和台面粘连，面团也不会被揉过度。

熟练者最多只需 2~3 秒即可将面团整为餐包形，而且两手可同时操作。

整为球形

标准法

步骤1

用大鱼际朝远离身体的方向推压面团

步骤2

将展开的面团折回面团中间，并用大鱼际将这部分面团按压紧实

步骤3

按照步骤1推压面团，同时将面团稍微旋转一下

步骤4

按照步骤2折回面团，并将面团按压紧实

步骤5

不断重复步骤1和步骤2，直至面团变得紧致光滑，最后面团底部变得光滑，面团顶部则出现接缝

简易法

步骤1

提起面团距身体较远一侧的边缘，将其折回面团中间，并按压紧实

步骤2

将面团稍微旋转一下，重复步骤1。反复操作，直至面团变得紧实而光滑

卷起法

步骤1

按住面团，将面团卷起

步骤2

面团卷起后，双手合拢，手掌边
缘紧贴工作台，将面团向内挤
压，面团朝向的那一面会变得紧
致光滑

步骤3

重复步骤2，直至整个面团变得
紧实光滑，最后将面团有接缝的
一面向下放置

拉动法

步骤1

将松软的面团放在撒有薄薄的一
层面粉的工作台上

步骤2

双手拢住面团，手掌边缘和小指
紧贴面团边缘，稍微向下用力，
将面团朝身体方向拉

步骤3

重复步骤2，直至面团变得紧实
光滑。在此过程中，将面团稍加
旋转，以便其受力均匀

整为橄榄形

（标准法）

步骤1

将面团对折

步骤2

双手滚动面团，将其整为橄榄形。
根据不同的配方，将面团两端整圆
或整尖。

（卷起法）

步骤1

双手抓住面团靠近身体的一端

步骤2

将面团卷起

步骤3

将面团卷至足够紧实

步骤4

双手搓面团，面团的接缝闭合。再稍微搓面团，
直至其达到期望的长度

整为餐包形

步骤1

将面团分割成小块，放在工作台上，没有面粉的切面向下

步骤2

手指捏住面团距身体较远一端的边缘，拉向中间并向下压实

步骤3

稍微旋转面团并不断重复步骤2，直至面团变得紧实，表面光滑

步骤4

将面团接缝捏起，稍微用力压实，根据不同的配方进行相应的二次发酵

步骤1

将面团分割成小块，放在工作台上，没有面粉的切面向下，以确保面团与工作台之间有足够大的摩擦力

步骤2

将手平放在面团上，边转圈边对面团向下略微施加压力

步骤3

在转圈的过程中，手指伸展拉住面团。随着面团变得紧实，掌心随着面团变高顺势拱起，但同时要向下施压

步骤4

转了3~5圈后，面团变得紧实，表面更为光滑

大功即将告成：最终的烘焙

从最初的混合各种原料到面包出炉，可以说烘焙是制作面包的漫长过程中最后一个步骤。这也是你最后一次大显身手的机会，你可以通过选择面团合适的发酵状态、对面团进行最后的加工、调节烤箱中的空气湿度和温度以及对出炉后面包的加工，来把控面包的质量。

烘焙的过程非常紧张刺激。虽然面团中各式各样的微生物和酶曾为面团的发酵立下汗马功劳，但此时，你将利用烤箱的温度将它们消灭个一干二净。即便如此，它们在这最后的烘焙过程中依然发挥着不可小觑的作用。观察烤箱中正在烘焙的面团可真是令人着迷，简直比电视剧或电影还要令人惊心动魄。对烘焙爱好者而言，每次把面团送入烤箱，便开始满怀期待，一方面期待着令人惊喜的成品，另一方面又对可能面临的失败惴惴不安。你不知道这个面团能不能膨胀，漂亮地开裂，并形成令人满意的面包皮和面包心。

面团到了烤箱里，方能检验你之前的整个面包制作方法是否正确。对于初学者，烘焙的成功还需要借助运气。实际上，即便是经验丰富的面包师也难以在烘焙时精准地控制好所有影响面包品质的因素，他们在烘焙中也需要那么点儿运气。

发酵程度检测

在最后一次发酵时，即二次发酵时，我们必须时不时地检测面团的发酵程度。面团的

发酵时间同时受到多种因素的影响，比如温度和湿度，而在家庭厨房里难以完全控制这些因素。因此，尽管各配方都对发酵时间做出了说明，但你依然需要小心翼翼，谨慎对待。更为重要的是，要时刻仔细观察面团，一旦它达到预期的发酵状态，你就应立即进行最后一个步骤——将其烘焙为最终的成品。

一个面团有可能出现发酵不足、充分发酵或者发酵过度这几种情况。

面团如果发酵不足，就无法达到充分发酵时的体积。面团中的酵母菌还有充足的食物供给，并有能力使面团进一步膨胀。此外，面团还能继续承受气体的压力。如果此时就对面团进行烘焙，会使得面包体积不足，面包心不够膨松，气孔过小。如果仅仅是轻微的发酵不足，我们也称其为接近发酵（或3/4发酵）。如果烤箱功率强劲，面团处于这种发酵状态是比较理想的。通常情况下，烘焙之前，我们会在面团光滑的一面进行割包。

此外，面团整形过程中出现的接缝，也可以帮助接近发酵状态的面团生成外形更为美观的面包。将面团有接缝的一面朝下放入发酵篮中发酵，随后使有接缝的一面朝上进行烘焙。感谢面团发酵不足的状态和烘焙弹性，面团将从接缝处裂开成为最自然的样式。

如果面团发酵过度，那么酵母菌会缺乏食物并且被抑制活性的物质所包围，从而停止活动。其中，酵母菌在分解糖类物质时所生成的酒精就会抑制酵母菌的活力，当酒精超过某一浓度值时就会抑制进一步的发酵。此外，过度

酸化或者强酶促反应下面筋的分解，也有可能导致面团结构的弱化。由发酵过度的面团制成的面包往往呈扁平状，面包心干燥且不均匀，口感很差。

充分发酵是介于发酵不足和发酵过度之间最为理想的发酵状态。这样的面团中酵母菌的活动变得缓慢，面团体积在烘焙过程中还会略微增大。发酵充分的面团包裹气体的能力得到了最好的利用。此时，面团的结构能够承受气体压力。烘焙弹性恰好能使面团变得稍紧实，体积略有增大，并且不会使面包皮裂开。因此，除了出于装饰原因而对面团表面浅浅划开，充分发酵的面团无须额外做割包处理。

所谓面团的发酵耐力，是指面团已经达到或者超过充分发酵状态时，承受不断增大的气体压力的能力。发酵耐力的作用开始于面团接近发酵时，结束于发酵过度开始时，面团必须在该时间段内被送入烤箱烘焙。面团的发酵耐力取决于发酵稳定性，后者是衡量面团在发酵过程中包裹气体能力的一个指标。发酵稳定性好的面团富有弹性和延展性，也具有良好的发酵耐力。

根据送入烤箱中面团的发酵状态不同，相应调整烤箱参数并设置烤箱的内部条件。面团的发酵程度越高，烤箱内部的湿度（水蒸气）越低，烘焙温度越高。烤箱内部的湿度越高，烘焙的温度越低，面团表面保持延展性的时间就越长，也越能承受气体压力。

发酵测试（手指测试法）

为了检查面团当前的发酵状态，除了用敏锐的观察力和丰富的经验来判断，你还可以采用手指测试法。用食指在面团表面按下去约 1 厘米深，以此测试面团还有多大的弹性和气体压力（见第 230 页）。

由于每天的情况都有所不同，你需要在烘焙过程中不断积累经验。慢慢地你就能掌握面团在受到按压时呈何种反应才算达到了期望的发酵状态。

最后加工

在面团充分发酵后，烘焙前还需对其进行最后加工，其中包括：刷面（用水或上光剂）、撒面粉、割包或者打孔。面包师对面团进行的最后加工可以在一定程度上甚至极大地影响面包的外观。整形可以使面团初具形态，最后加工则可以改善面包的一些细节，正是这些细节对优化面包心和面包皮的特性起着关键性的作用。

刷面

若能在烘焙前用糕点刷在面包上刷一层水，那么面包就能在烘焙中获得特别的光泽。如果在面包出炉后再在面包表面刷或喷一遍水，面包将有更加明亮的光泽。若能在发酵时将面团有接缝的一面朝上，放在撒有土豆淀粉的发酵布或发酵篮中，那么刷面的上光效果就会更佳，光泽显得更有层次。但是，刷面仅适用于那些状态稳定的面团。对较为柔软的面团来说，刷面需要一定的时间，面团在此期间会松散垮塌下来，因此这种面团通常都会撒一层面粉进行烘焙，极具乡村风味。

在烘焙前刷面能提高面包皮的光泽度，并使得面团表面在烘焙的第一阶段的延展性更好。此外，面包皮也能更好地呈现明亮的棕色。

面包若要获得更明亮的光泽，则可在出炉之后采用上光剂增色。此外，上光剂还能增添面包皮的芳香。根据你所期望的面包呈现的光泽度和棕色度不同，有多种配方可供选择使用。

快速制作上光剂的方法是：将 3 克土豆淀粉溶于 100 克热水中，不断搅拌避免其凝结成块。在面包出炉之后，应趁热在面包皮上刷薄

发酵测试（手指测试法）

用食指在面团表面向下
按下去约1厘米深。
发酵过度：凹痕基本
不反弹

发酵不足：凹痕反弹
至起始位置

充分发酵：凹痕稍微
反弹一点儿

接近发酵：凹痕几乎
反弹至起始位置

表格 13
面团的不同发酵状态对面包产生的不同影响

	发酵不足	接近发酵	充分发酵	发酵过度
面团表现	凹痕反弹至起始位置	凹痕反弹至距起始位置仅 1~2 毫米处	凹痕仅反弹 1~2 毫米	凹痕不反弹
提示	不烘焙，继续发酵	有接缝的一面朝上或者割包后烘焙	有接缝的一面朝下，不割包烘焙	有接缝的一面朝下，不割包烘焙
烘焙弹性	适中	高	低	无
割包	需要	需要（深）	不需要	不需要
水蒸气	强	适中	少	少
烘焙温度	低	适中至高	高	非常高
面包体积	适中至小	理想	理想	适中至小
面包形状	敦实	理想，大的裂口，椭圆形横截面	理想，椭圆形横截面	宽而扁平
面包心	带有小气孔，均匀，适度膨胀	带有小至粗大的气孔，均匀至不均匀，膨胀极好	带有小至粗大的气孔，均匀至不均匀，膨胀极好	干燥，不均匀，带有中大气孔
面包皮	厚实、黏牙、灰白色	柔软、酥脆、明亮的棕色	柔软、酥脆、深棕色	薄、酥脆、深棕色
味道	寡淡无味，不均衡	浓郁的香气	浓郁的香气	寡淡无味，酸的

薄的一层上光剂。

小贴士

　　要想使面包皮呈现极深的颜色，需在烘焙前将土豆淀粉放在烘焙纸上用烤箱烘烤，或者在平底锅中进行烘烤（无须用油）。制作上光剂时，每100克水搅入5克土豆淀粉。

　　对于用来制作诸如辫子面包或者牛奶小面包这样的甜面团，通常需在烘焙前用蛋液（蛋黄）或者蛋奶混合物刷面。

　　无论使用何种上光剂，重要的是，在刷面之前，尽可能用毛刷或者糕点刷将面团上多余的面粉扫干净。否则，这些面粉颗粒会透过上光剂被看到，如果面粉颗粒太多的话，还可能使面包皮黯淡灰暗，不太美观。

撒面粉

　　把小面团从发酵篮中取出，放在比萨板或烘焙纸上后，用手掌将面团表面的面粉抹均匀，并扫去多余的面粉。有些面团发酵后，表面没有面粉，对于这类面团，你可在烘焙前在其表面撒上面粉，比如可以使用一个面粉筛。视具体使用的面粉种类和型号的不同，面团最终会生成较为柔软或较为酥脆的面包皮。

　　借助印花模具撒面粉可以在面包皮上形成图案，使面包更具吸引力。但进行该操作时，面团表面必须较为湿润。理想的做法是，事先用水轻轻涂抹面团表面，再将印花模具放在面团上方，用筛子在模具上方筛面粉。

　　你也可以自行设计印花模具的图案。在一张硬卡纸上绘制或者印制一个双色图案，将两色中的一色剪去。再拿两张卡纸相对而立贴在有图案的卡纸上作为托座。有了托座的支撑，模板就可在撒面粉之后轻而易举地揭去，同时

图案也不会被破坏。只有当面团已充分发酵，即达到充分发酵状态时，才可使用印花模具。如果面团发酵不足或者接近发酵，那么面团上的图案会在烘焙的过程中被破坏。

正确割包

　　割包的原因多种多样。一方面，割包可以美化面包的外观，令人看到不禁想咬一口，而且还可以突出某种面包的特点，使其有别于其他种类的面包；另一方面，割包还可以有针对性地为发酵气体制作出一些逸出的通道。除此之外，割包还能弱化面团在烤箱中形成的膨胀阻力。尽管烤箱中雾气（水蒸气）缭绕，但是面团表面依然会较快地绷紧，膨胀能力强的面团就会自己发生塌缩。割包则可以使面包的体积显著增加，面包心的气孔变得更为开放，面包能更好膨胀。

　　割包还可以改善口感。割包之后，面包皮的面积就会增加。这是因为在烘焙过程中面包皮上形成了裂口，即切口向上拱起并形成了一部分面包皮。在烘焙过程中，面包皮上的烘焙风味物质使面包的香气更加浓郁。某些种类的面包之所以拥有特别的口感，主要归功于经割包形成了较大的裂口。

　　一般情况下，仅可对接近发酵（3/4 发酵）状态的面团进行割包。而充分发酵的面团的切口要浅，因为此时割包的目的并不在于使烘焙

明显的裂口（小麦混合面包Ⅱ号，见第48页）

中的面团在切口处开裂，而仅仅是为了让切口轻微张开，面包更为美观。要想使割包极具艺术性，你必须在分辨面团的发酵状态上颇有经验。

可以采用各种不同的工具对接近发酵状态的面团进行割包。不可或缺的是一把长度不超过无名指，刀刃薄且锋利的刀。经验证明，带有锯齿刀刃的面包刀和不锈钢剃须刀片是合适之选。

小贴士

你可以尝试在一家真正的刀具打磨厂购置一把名副其实的锋利的刀。在那里，你可以向打磨师傅进行专业咨询，说不定也会对刀具产生兴趣。

有时，我们甚至还会用医用手术刀进行割包。对于某些特别的面包面团，比如法棍面团，推荐大家使用弯曲的薄刀片，最适合的莫过于剃须刀片了。你可以在细长的金属棒上推动刀片使其弯曲后使用。如果你没有金属棒，较粗的木签是一种价格较为低廉的替代品。在一些地方也可以买到弯曲的塑料刀柄，但它价格较高，而且质量并不比金属刀柄好。对于狂热的法棍爱好者，市面上还可以买到安装有弯曲刀片的特制刀具。

在烘焙当日，请尽可能将刀具始终浸在水中。在烘焙多个面包时，这种做法不仅能保证刀具清洁，还能够避免面团在刀口处发生粘连。

初看之下，割包是个非常简单的步骤。然而，割包却面临一个挑战：如何尽可能顺滑而均匀地划开面团表面，使切口更好地与面团的发酵状态及所期待的成品外观相吻合。这就要求烘焙者拥有丰富的经验、灵巧而动作娴熟的双手、敏锐的观察力和较高的操作精确度。

相较于接近发酵阶段的面团，已充分发

浸在水中的刀具

酵的面团切口要浅。若在面团上进行多次切割，并非所有的切口都拥有同样的长度、深度和角度，那么这有可能在无意中导致面团的变形。

在割包的过程中，手和前臂需成为固定的整体。割包时不能依靠手腕或者手指的力量，而要借助肩膀的力量，以便尽可能笔直且准确地划开面团表面。

有哪几种不同的割包方法？

具体采用何种割包方法和面团的特性有关，而最重要的一点在于你自己的期望。对于橄榄形的面团，纵向切口可以使面团的剖面变得更为扁平，相反，横向切口则可以使面团的剖面更接近圆形。较为柔软的面团适合横向切口，这样可避免面包变得过于扁平；而紧实的球形面团适合纵向切口，由于面团的烘焙弹性仅在一个方向起作用，最终得到的面包会呈椭圆形。

正确的角度是成功的关键

通过调整刀刃划开面团时的角度可以控制裂口的形状。如果刀刃倾斜，即和面团表面之间成锐角，那么面团上就会形成向一侧伸展的裂口。采用这种方法有一个优点，由于切口扁平并位于面团表面之下，这样就能最好地利用烘焙弹性。在烘焙中，面团表面又反过来能保护切口避免其变干，这样在烤箱中长时间烘焙的面团膨胀时就不会受到什么阻力。

如果刀刃与面团表面垂直，那么面包上的裂口就会对称地向两侧伸展。这种垂直划开的方法经常用于在橄榄形面团上划出横向切口或在球形面团上划出汇于中心点的交叉切口。相反地，倾斜划开的方法（与面团表面呈 20°～40° 的角）则更常用于球形面团边缘处的切口或橄榄形面团（比如法棍）中的斜向切口。

割包方法不同的面团：垂直划开的纵向切口（左侧），倾斜划开的纵向切口（中间），垂直划开的斜向切口。你也可以采用刀具代替剃须刀片进行割包。

何时割包最合适？

割包的时间点主要取决于面团的特性。大多数情况下，在烘焙前直接进行割包就可以了。只有那些结构松散的面团（黑麦含量高的特殊面团）要在整形之后割包，这样可以防止面团在接近发酵时由于割包而变得扁平。割包时还要注意，要将面团有接缝的那一面朝下放在发酵篮中。在极少数情况下，发酵状态良好的面团可以在整形之后马上进行割包或是在二次发酵时割包。这样的话，切口在二次发酵过程中就会松弛。然而还要注意的是，面团在烘焙时要达到充分发酵的状态。某些特定种类的白面包就会由此获得切口图案，但面包皮并不会在烤箱中粗犷地裂开。

除了常见的割包方法以外，我们还可以采用一些富有异国情调的方法，使得面团表面在烘焙弹性的作用下于预定处开裂。例如，可以采用某种特定的工具将面团劈开或者剪开。此外，用剪刀也能制作出富有创意的切口。

用剪刀十字交叉剪开面团表面而形成的一种裂口形状（牛奶小面包，见第 94 页）

打孔

已经达到充分发酵状态的面团不应再割包。这种面团需要打孔，以免面团在膨胀过程中出现不可控制的裂口。打孔还可以避免发酵气体和水蒸气在面包皮下聚集。有一种工具叫作比萨滚针，它有一个可滚动的圆筒，上面布满了针。借助一个手柄，圆筒可以在面团上滚动，从而面团上就布满了均匀的小孔。如果面团非常黏手，那么需要先将比萨滚针蘸水后使用。

> **小贴士**
>
> 如果手头没有比萨滚针，你也可使用一把叉子、一根木签或者金属钎子在面团上扎孔，但是这些工具不如比萨滚针用着顺手，而且较费时间。

打孔的面包皮 （长面包，见第 107 页）

烘焙温度应多高？

除了烘焙时间和面团的某些特性以外，烘焙温度也很大程度上决定了面包皮的颜色、脆度（酥脆性）、厚度、湿度及口感。此外，烘焙温度还会影响到面包心的稳定性、湿度、弹性、可切割性、体积以及口感。

烘焙开始阶段

除了我们熟知的烘焙温度，烘焙起始温度这一参数也有着重要的作用。该温度是指将面团送入烤箱开始烘焙时的温度，需根据面团的发酵状态和面包的类型调整该温度。

通常情况下，烘焙一段时间后，我们会将烤箱温度调低。较高的烘焙起始温度（250~280℃）有助于使烤箱中的面团状态稳定。烤箱底部充分的热量能促使面团膨胀和面团内部松弛。面团越是柔软，体积越大，那么烘焙起始温度就应越高。热量并不能通过金属直接

传导到面团上，因此吐司面包也需要较高的烘焙起始温度。小面包及饼干的烘焙起始温度应在 220~250℃。

烘焙降温阶段

烘焙开始后，如果面团在约 10 分钟后具有了稳定的体积且基本完成了在烤箱中的膨胀过程，那么你可将烘焙温度降到 210~230℃（烤熟温度）。这样可以确保烘焙时间足够，同时面包皮不会被烘焙成深棕色。一般情况下，粗磨谷粒面包及全麦面包面团中酶的活力较高，因而会在烘焙时较快变为棕色，所以其烤熟温度会相应低一些，多设置为 180~220℃。

一般来说，相对于在较高温度下烘焙较短时间，在较低温度下烘焙较长时间更有利于提升面包的口感和面包心的特性。

烘焙完成阶段

要想使面包皮富有香味，就应在烘焙的最后 5~8 分钟将烤箱温度提高 10~30℃。因为之前为了生成酥脆的面包皮，曾打开过烤箱门释放其中的雾气（水蒸气），所以在烘焙最后阶段升温有利于补偿开门造成的温度损失。

如果面包心正中间的温度达到 96~99℃，这就表明面包已经彻底烤熟了。

预热和检查

一般家用烤箱的温度最高可达 250℃。在烘焙中尤为重要的是，必须事先开到最大挡位将烤箱预热（至少 45 分钟，最好 1 小时）。对预热而言，一块烘焙石板（或者采用可翻转的烤盘作为替代，但是效果不如烘焙石板）是不可或缺的。

除此之外，你还可以用烤箱温度计检测烤箱温度，确定烤箱是否已达到预设温度，又是在何时达到该温度的。有时候，即便烤箱显示

已达到预设温度，事实上也不尽如此，用温度计加以检测是更好的方法。

通常情况下，烤箱同时通过上下管加热的方式烘焙面团，而一些新型的带有水蒸气功能的烤箱则可通过热风对流或者热风循环模式进行烘焙。

> **小贴士**
> 如果你用没有水蒸气功能的传统烤箱进行烘焙，那么应将上下管的加热温度分别调低20~30℃，并制造水蒸气。否则，对流空气会使面包皮过快变干。

烘焙一个面包需要多久？

烘焙温度和烘焙时间直接相关，且其数值互相联系。原则上讲，面团中黑麦成分的含量越高，面粉的颜色越深（面粉的型号越大），面团越柔软，以及你想要面包心越密实，面包分量越重，那么所需的烘焙时间就越长。黑麦面团比小麦面团的烘焙时间要长5~10分钟。此外，吐司面包所需的烘焙时间也要稍长一些。烘焙时间如果过短，面包就无法形成柔软、略带弹性且密实的面包心。不仅如此，烘焙时间不够还会导致面包皮过于柔软和纤薄，面包整体略显塌陷，保鲜时间也不如烘焙充分的面包。

> 一个重量为500克的小麦面团，预计烘焙时间为35~40分钟，而同样分量的黑麦面团烘焙时间为45~50分钟。另外，面团重量每增加250克，烘焙时间需相应延长约5分钟。

有一种方法可以强化面包心的结构并改善面包的口感，即二次烘焙。将已经烘焙完毕的面包放在室温下冷却约30分钟，紧接着在高温（230~270℃）下再烘焙10~15分钟。这种方法在烘焙富含黑麦的吐司面包时应用尤为广泛。在二次烘焙中，吐司面包要脱模烘焙。

不可或缺的水蒸气

水蒸气，烘焙专业术语中也称其为雾气，它是面团提升烘焙弹性，面包达到最佳的体积以及面包皮呈现明亮的棕色所不可或缺的。

烘焙过程中若没有水蒸气的作用，那么烘焙出的面包外形紧缩，面包皮黯淡、灰白、厚实，面包心布满稠密的气孔，过于紧实。

助人为乐的水蒸气

热的水蒸气接触到凉的面团表面，在温差作用下生成冷凝水，你可以看到面团表面形成了一层纤薄且闪闪发光的薄膜。

如果没有冷凝水，水蒸气的量就会不足。在热量和面粉中淀粉酶的共同作用下，面团中会形成糊精（多糖），而冷凝水能溶解这种糊精。糊精可以使面包皮富有光泽，并且和其他糖类共同作用，使面包皮呈现明亮的棕色。

冷凝过程会释放热量，这会促使面包皮中的蛋白质更加迅速地凝结成块，淀粉也会更快糊化，这就为之后面包皮的形成奠定了基础。面团表面有一层水可以减缓热量向面团内部传导的速度。因此，在水蒸气的作用下，面团表面得以保持其延展性，而面包皮的生成时间也推迟了。只有在水蒸气的作用下，面团才能膨胀，切口才能开裂，最终也才得以形成酥脆的面包皮。除此之外，水蒸气还能保护面团表面，避免其过快变干。

排出水蒸气

烘焙8分钟后，面团的膨胀基本结束，面团表面已开始变得干燥，面包已初具形态。此刻，应打开烤箱门60秒以排出其中的水蒸气。若水蒸气滞留于烤箱中而不排出，它将在之后的烘焙过程中损害面包皮的特性。此外，打开

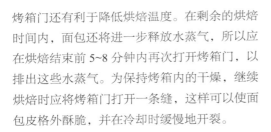

烘焙过程中没有水蒸气作用的法棍，面包皮黯淡灰白　　烘焙过程中有水蒸气作用的法棍

烤箱门还有利于降低烘焙温度。在剩余的烘焙时间内，面包还将进一步释放水蒸气，所以应在烘焙结束前 5~8 分钟内再次打开烤箱门，以排出这些水蒸气。为保持烤箱内的干燥，继续烘焙时应将烤箱门打开一条缝，这样可以使面包皮格外酥脆，并在冷却时缓慢地开裂。

生成足量的水蒸气

烘焙时要想在传统的家用烤箱内生成水蒸气，有很多种方法可供选择。

每种方法都有自身的优缺点。只有不断地积累经验，你才能从中选出最适合自己且最为实用的方法。但无论采用何种方法，几乎都会面临一个棘手的问题：在烤箱中使用水蒸气会导致相对较大的温度损失。除此之外，一旦打开烤箱门，那么在烤箱中生成的水蒸气又会有很大一部分逃逸出去。

同时要注意，虽然你选择的方法有可能比较烦琐，但绝不能因此省去生成水蒸气这个重要环节。但有一种情况例外：有些饼干在烘焙前已在表面刷有蛋液或者蛋奶混合物，面团表面从而变得足够湿润和富有延展性，因此无须在烘焙中额外生成水蒸气。但在烘焙即将结束时，饼干面团生成的水蒸气仍需排出烤箱外。

小贴士

听上去可能有点儿扫兴，但事实是与在家庭厨房中的操作相比，专业的面包师会在烘焙过程中使用更多的水蒸气和更大的蒸汽压力，这使得面包皮的品质更为卓越。面包师制作的面包拥有特别细腻而酥脆的面包皮，这是一般的家庭制作中难以企及的。

表格 14
家用烤箱中生成水蒸气的各种方法
（按照效率高低进行排序，最有效的方法位于首位。）

方法	说明	优点	缺点
带有水蒸气功能的烤箱	使面团吸入水分：将面团推入烤箱后喷出水蒸气	效果很好 没有温度损失 持续释放水蒸气 烤箱比较耐用 没有危险	价格昂贵 适用于频繁烘焙的面包师
带盖的铸铁锅	将面团放入预热过的锅中加盖烘焙	面团能生成水蒸气 快速生成大量水蒸气	有燃烧的危险 面包的形状和锅有关
将水浇在热的物体上	放有大螺丝的烤盘或者将火山石放在烤箱底盘上加热，在将面团放入烤箱时，浇上一杯水	快速生成大量水蒸气	水蒸气损失 轻微的温度损失 有燃烧和烫伤的危险
将水浇在烤箱底盘或者烤盘上	将面团放入烤箱后，在烤箱底盘或者已同时加热的烤盘上浇一杯水	相对较快生成大量水蒸气	水蒸气损失 轻微的温度损失 有燃烧和烫伤的危险 较大的温差可能导致烤箱底盘／烤盘的变形 烤箱中有水垢斑点
在烤箱最下层放置盛有水的烤盘	将烤盘放入烤箱预热，以使水在面团推入烤箱前即达到沸点。控制好水量——在烘焙 10 分钟后恰好消耗完毕。如有剩余，在烘焙 10 分钟后，将带有残余水分的烤盘从烤箱中取出	高效 无温度损失 持续生成水蒸气，在面团推入烤箱时已能持续生成水蒸气	需取出带有残余水分的烤盘
高压喷壶喷水	将烤箱门打开一条缝，借助高压将水喷到烤箱壁上（注意不能喷射到烤箱灯上，否则灯将爆裂）	快速的方法	温度和水蒸气损失 面团会和水滴相遇，导致撒有面粉的面包皮上形成斑点 烤箱中有水垢斑点
普通喷壶喷水	将烤箱门打开一条缝，将水喷入烤箱内	保护烤箱	较高的温度和水蒸气损失 水蒸气过少 表面撒有面粉的面团将被水打湿 有燃烧的危险

（续表）

方法	说明	优点	缺点
高压蒸汽清洗机喷水	将烤箱门打开一条缝，用一根长的喷管将热的水蒸气喷入	保护烤箱	温度和水蒸气损失 比较麻烦 效果不好
一碗／一杯水	在将面包推入烤箱时，在烤箱底盘上放置一碗或者一杯水	无	效果不好，在10分钟后，必须重新移除热的容器

送入烤箱

面团经过最后一个处理步骤后，将被送入烤箱。在家庭厨房中，一般将面团放在一块小型的比萨板或一张烘焙纸上，然后放在烤箱中的烘焙石板上。使用烘焙纸有一个缺点，双手和双臂要深深伸入高温的烤箱中，因此很容易被烫伤。比较好的方法是用比萨板，先在上面撒上一些粗粒小麦面粉，以免面团和板面发生粘连，这也能确保面团更好地移动。

在进行最后一次加工前，将面团从发酵篮或发酵布中取出，放在先前已准备好的比萨板上，等待烘焙开始。比萨板边缘平滑，可以很顺畅地将面团送入烘焙石板的后1/3处或后部，而快速地回拉一下就能方便地从烤箱中抽出比萨板。面团自身有惯性，而粗粒小麦面粉则具有很好的滑动性，因此面团在比萨板抽回时能在热的烘焙石板上保持不动，之后你就可以迅速地关闭烤箱门并开始制造水蒸气了。

烘焙过程中发生了什么？

最初的几分钟

面团一放入预热好的烤箱中，就会发生一系列复杂的物理反应和化学反应，最后成为面包。在最初的几分钟内，面团的温度（30~45℃）迅速升高，酶和微生物的活动加速。此时，酵母菌和乳酸菌才真正活跃起来并释放出大量的二氧化碳，这是生成松软的面包心必不可少的物质。此外，随着温度的上升，发酵气体还会在面团中膨胀。在烘焙的开始阶段，面团的烘焙弹性并不会因为面包皮的形成而受到影响。烤箱中的水蒸气会在温度尚且较低的面团表面凝结成水珠，这使面团表面得以保持延展性，而在此过程中释放的冷凝热则为之后面包皮的形成奠定了基础。面包皮中的蛋白质开始凝结成块，淀粉则开始糊化，并在冷凝热的作用下部分被降解为糊精。与此同时，面包皮下的酶促反应和细菌活动毫不停歇，并使面团膨胀起来。当温度升至45~60℃时，酵母菌和其他细菌开始慢慢死亡。一旦面团停止膨胀，即可将烤箱中的水蒸气排出。

面包心的生成

当面团的温度达55~60℃时，其中的蛋白质开始凝固。小麦面团里的面筋也属于蛋白质，它对于生成面包心的结构极为重要。因为蛋白质的变性，面筋失去了自身的延展性，此时面包心结构初步生成，面团也变得富有弹性。在这个过程中，蛋白质会释放出在之前准备阶段通过浸泡所吸收的水分，黑麦面团中的戊聚糖也会释放出一小部分水，但多数水分依然未被分离。释放出的水分和之前存在于面团中的游离水分将在55~88℃的淀粉糊化阶段与黑麦淀粉或小麦淀粉结合。随着温度的升高，淀粉颗粒的蛋白包膜开始凝结并渗入水分。淀粉颗粒在吸水后体积膨胀至原来的 3.5 倍，随后胀裂。面团中的酶将淀粉逐步降解为各种不同的糖，从中释放出的淀粉链则和水及其分解物一起形成了胶状混合物，这也就构成了面包心的主要成分。规则的淀粉结构此时已被完全破坏。

当面团温度超过 78℃时，在发酵期间形成的酒精结合不同种类的面团酸，会通过酯化作用形成重要的芳香物质。

当面团温度达 80~90℃时，蛋白质停止凝固，酶失去活力。一旦面包心的温度达到 98℃，面包心的形成就告一段落了。温度升至 100℃时，水分开始蒸发，面包的重量开始下降，这就是所谓的烘焙损耗，其值大小取决于面包的大小、形状及类型，还和面包皮所占比重、烘焙温度及烘焙时间有关，一般为面团重量的 10%~25%。

从面团到面包皮

面包皮是一种由不同种类的着色剂和芳香物质组成的复合物，其真正的化学组成，至今还没有准确的科学定论。当温度还不足 100℃时，面团表面已开始初步形成一些类黑精，所谓类黑精是一种棕色染色剂，同时也是一种芳香物质，它是糖和氨基酸结合形成的产物。当温度超过 110℃时，糖和氨基酸之间发生了一系列极为剧烈的化学反应，面包皮的颜色和香味基本上由此形成。发现该化学反应的人为法国化学家美拉德，于是人们就用他的名字将该化学反应命名为美拉德反应。美拉德反应中并没有酶的参与，事实上此时的酶已经完全丧失了活力。在碱水烘焙食品的烘焙过程中，氢氧化钠溶液会加速和强化美拉德反应。

温度超过 100℃时，面团表面开始变干，其中的淀粉开始失水，在 115~140℃的热辐射作用下，淀粉才开始分解为较小的颗粒。温度超过 140℃时，上一步中生成的浅黄色糊精作为多糖给面包 "染" 上棕色。另外，有一些未转化为发酵气体的残余糖分会在此时或在细菌活动结束后，即温度为 140~150℃时，将面包 "染" 成棕色（焦糖化）。

一旦面包皮的温度达到 150℃左右，深色的焦香物质就开始产生。面包皮的颜色较深也同时意味着面包具有浓郁的香气。当面包皮的温度为 180~200℃时，苦味素就会大量生成，此时面包皮就会变黑而且难以下咽了。

如果趁面包皮还热乎乎的时候就在其表面刷一层水，那么淀粉在热分解作用下形成的糊精又会溶解并使面包皮呈现光泽。为了加强这种上光效果，可事先将淀粉溶解在热水中使其分解生成糊精，之后再将水淀粉刷在热乎乎的面包皮上。

烘焙之后

面包出炉后，此时若马上敲击其底部，听到的声音是明快且中空的，那就说明面包烘焙好了。更好的办法是测量一下此时面包心的中心温度。如果温度达到 98℃，则说明面包心的结构已充分形成，面包已烘焙好。然而，这不意味着整个烘焙过程到此结束。在冷却降温的过程中，面包心的水分还在源源不断地透过面包皮释放出来。这些水分如果不能顺畅地排出（比如将面包密封保存），那么就会在面包皮上凝结，面包皮会变得软绵绵的，有时甚至会变得黏糊糊的。因此，应当保证新鲜面包四周空气的充分流通，直至其完全凉透。

千万不要用布盖住刚出炉的面包，要将其放在冷却架上，这样有利于面包底部也获得良好的通风。房间中的空气湿度过高，也有可能导致面包皮绵软。此外要注意，冷却时，面包的温度与周围环境的温度不宜温差过大，最好在较为温暖的厨房内冷却面包。

在面包冷却的过程中，面包皮的芳香会渐渐渗透到整个面包心中，而面包心又反过来影响面包皮的香味。要注意的一点是，烘焙之后必须尽可能地使面包凉透。

面团气孔中的气体在烘焙过程中会膨胀，在冷却过程中会向外逸出，并和外界较冷的室内空气发生交换，这就导致了面包体积的缩小。面包心具有一定的弹性，因而会对这种体积变化做出反应，而面包皮却不具备这种能力，于是你可以看到面包皮上会出现纤细的裂纹。

裂纹的出现是衡量面包皮酥脆与否的一个重要的品质特征，伴随着开裂，你还会听到或大或小的咔嚓咔嚓声，这真是格外迷人。

优雅地老去：如何保存面包

面包自从烤箱中取出的那一刻起，就开始了老化的过程。它会随着时间流逝不断地陈化（变老）。在面包冷却的过程中，面包心的含水量（45%~50%）和面包皮的含水量（5%~10%）会慢慢接近，也就是说，面包皮变得越来越绵软，而面包心则变得越来越干。

随着水分的流失，在烘焙过程中糊化的淀粉又会逐渐回复到原状（水分溢出）。在这个过程中，水分渐渐蒸发，连那些影响嗅觉和口感的物质成分也会逃逸。互相交织在一起的淀粉链发生重构，规则排列。如果温度为 -7~7℃，烘焙食品是用型号较小的面粉制得的小麦面包，那么这种凝沉现象就会表现得尤为明显。此时，面包心会变得坚硬、干燥且颜色黯淡。

> **小贴士**
>
> 如果将放置时间较久的陈面包重新烘烤一下，你会发现，它要好吃得多。这其中的奥秘在于：加热可以在短时间内逆转陈面包中的凝沉现象。

好配方有助于保鲜

面团得率越高，面包的含水量就越高，面包的保鲜时间也就越长。制作面包最好用那些本身已有水分的原料，比如土豆。在准备阶段将谷物浸泡或者长时间地和面都会起到同样的作用。面粉中黑麦成分的含量越高，其中含有的谷粒表皮成分就越多，以其为原料烘焙而制得的面包的保鲜时间也越长。

有时，在和面时额外加入一些陈面包也能使烘焙食品得以更好地保鲜。比如，可以在准备阶段或主面团中加入经水泡涨的面包、干面包或者陈面包。要注意的是，加入的面包必须是由面粉、水、盐和酵母/天然酵种制作而成的优质面包。如果加入的面包中含有任何别的原料，就会破坏面包的口感，还有一点，加入的面包必须和目标烘焙物属于同种面包类型。

> **小贴士**
>
> 如果使用酵头和天然酵种，陈面包中所含的盐分会抑制微生物的活动，从而延长面团的发酵时间。

彻底烤透的面包皮也有助于减少面包心中的水分流失。标准的面包皮厚度为 3~5 毫米。

正确的保存方法

对于已经完全凉透的面包，必须采取一定的保护措施，合理地加以保存。否则，面包很快就会干裂，面包皮会变得硬邦邦而难以入口。

已切成片的面包必须切面相贴叠放，这样可以避免其过快变干。

保存面包的方法有很多，但适合实际操作的并不多。

建议大家用带盖的陶锅或黏土罐子保存面包，这些容器的大小和形状一应俱全，可供选择。如果你主要保存黑麦面包，那么请务必注意，最好使用内壁未施釉的陶器。原因在于：

黑麦面包中水分含量较高,陶土中的气孔可以很好地吸收这些水分,而一旦陶器表面施釉,这些气孔就被封堵住而无法吸收水分了。

如果需要经常保存小麦面包,那就不妨选用带釉的陶罐。通常情况下,除了盖子以外,陶罐表面都覆盖有釉层。这样的陶罐吸水性差,在必要的情况下,保存在其中的面包还能重新吸收水分。

陶罐的价格相对较高,不妨选用价格较低的木制、金属或塑料面包盒。木制面包盒具有和陶罐极其相似的水分调节功能,而金属和塑料面包盒水分调节功能相对要差一些。一旦空气流通不畅,霉菌就很容易滋生。因此,无论是陶罐还是面包盒,都建议你每周至少用醋擦拭一次。

由亚麻或棉布制成的面包袋虽然也能起到保鲜的作用,但其保鲜时间远远不如陶罐和面包盒。用发酵布将面包裹起来是一种较为便捷的方法,但这并不适用于面包的长期保存。另外,绝对不能用塑料袋或塑料盒保存面包,否则,由于完全不透气,面包很快就会变得软绵绵的,也更容易滋生霉菌。小饼干和小面包不妨存放在纸袋中,纸袋可以在短时间内保持面包皮的酥脆,但是面包皮还是会在 1~2 天因失水而干裂。

冷冻保存

要想进一步延长面包的保鲜时间,建议采用冷冻保存的方法。采用这种方法的关键在于务必将面包密封包装,并尽快将其放在 –7℃ 的环境中。当温度低于 –7℃ 时,淀粉的水分溢出会降到最低。但是冷冻保存有一个缺点,在面包的冷冻和解冻过程中,温度要跨越 –7~7℃ 的区间,而凝沉现象恰恰在这个温度区间最为活跃。

> 在家用冰箱的冷冻室里,面包的冷冻保存时间不应超过 2~4 周。冷冻会导致面包皮部分剥落,面包香味流失,面包干裂加快,而随着保存时间的延长,这一系列现象就愈加明显。

面包解冻的方法有很多种,你可以将其放在室温下解冻,也可以将其放入烤箱,在 200℃ 左右用水蒸气模式烘烤近 5 分钟,再取出放在室温环境中。其中,后一种方法可以最大限度地减少面包的水分溢出。

要想在面包冷冻后还能享用可口的面包,不妨减少烘焙时间。将面包在烤箱中的烘焙时间缩短(仅为预定时间的 80%),在半熟的面包凉透后立即冷冻。在解冻面包时,先将面包在室温下静置约半小时,紧接着再把它放入 230℃ 的烤箱中烘焙(不用水蒸气模式)10 分钟,取出后再次在室温下静置 45~60 分钟,然后就可以切片享用了。同样的操作方法也适用于小面包和小饼干的解冻,唯一的区别在于,小饼干从冷冻室中取出后,应立即送入预加热至 230℃ 的烤箱内烘焙 3~4 分钟,烘焙完毕后可立即享用。如果小饼干或者小面包在制成后需冷冻保存,那么在先前的面团制作中你不妨加入面粉总量 1%~2% 的酶活力低的麦芽制品,或者干脆加入现有麦芽量的 1/4 甚至 2 倍,这样做可以抑制酶作用下糖类物质发生的强烈降解。

陶罐内塞满了面包

辨别和消除面包的缺陷

充满争议的质量评判标准：面包皮上的气泡

　　面包的缺陷更多的时候是文字层面的一种定义，有时候，即便是看似完美的面包也会被发现有几处问题。面包的缺陷的概念非常宽泛，和普通的消费者相比，专业的面包检测人员又会采取不同的衡量尺度（比如说德国农业协会的标准）对面包加以测评。

　　除此之外，不同国家对面包缺陷的理解又不太一样。在德国，很多面包师都认为小麦混合面包中出现的不均匀的、粗大的气孔是一种重大缺陷，面包心的气孔应该均匀且细小；而

在意大利或法国，人们却不认为面包心必须得具有这样的结构。在德国，面包皮如果布满了气泡将很难卖出去；而在非德语地区，这种气泡反倒被视为长时间低温和面的一项品质特征。这样评判标准大相径庭的例子还有很多。

> **小贴士**
>
> 　　刚刚开始烘焙时，只要从烤箱中取出的成品稍微有点儿面包的模样，你就会为此兴奋不已。但是，随着在烘焙方面投入时间的增加和经验的积累，你对烘焙出的面包的品质要求也会越来越高。建议你最好能在理想的完美状态和现实的操作结果之间找到一个平衡点。

从细节中追查问题的根源

　　任何一种面包的缺陷（如果存在的话）背后都藏着一个或多个原因。为了更好地吸取教训，避免同样的问题在下次烘焙时出现，建议你在烘焙时仔细关注面团的每次发酵时间，更为重要的是控制好面团温度和发酵温度。准备阶段同样不可小觑，尤其是天然酵种的制作，如果天然酵种过酸或酸度不足，或者用量不合适，都有可能导致面包出现种种缺陷而难以入口。除此之外，水蒸气的强度和作用时间把握不好，也有可能成为面包出现某些缺陷的原因。

表格 15

典型的面包缺陷及其成因

（导致面包出现某种缺陷最有可能的原因在于面包的具体制作方法）

面包的缺陷	原因	面包的缺陷	原因
面包皮			
表面出现气泡	面团过凉（面团表面存在冷凝水） 二次发酵时间过长，温度过低 烘焙温度过高且水蒸气过多	颜色过浅	面团中没有盐 / 盐过少 烘焙时间过短 / 温度过低 酸度过低 水蒸气作用过少 / 没有 面粉中酶活力过低
开裂或与面包心分离	水蒸气过少（侧边出现裂纹，吐司面包的面包皮裂开） 二次发酵时间过短 烘焙温度过低 面团表面开裂	颜色过深	烘焙温度过高 / 烘焙时间过长 酸度过高 水蒸气过多 面粉中酶活力过高
褶皱	烘焙时间过短 冷却环境过于温热潮湿	烤焦或非常厚	烘焙时间过长 烘焙温度过高
里面出现气泡	面团过于柔软或者过凉 酸度过低 二次发酵时环境中过于潮湿 水蒸气过多 面粉中酶活力过高	色泽不均	面团过干 水蒸气过少 烤箱中的面团数量过多 烤箱中面团摆放过于密集
面包心			
气孔过大或面包皮下出现水平裂纹	面团过于柔软 二次发酵时间过长 酸度过低 面粉中酶活力过高 烘焙温度过高	色泽不均	在整形中掺入了面粉 准备阶段未充分和面 面团过于温热 面团受损 面粉中酶活力过高
出现竖缝	面团过于紧实 面团过凉 二次发酵时间过长 酸度过高 面粉中酶活力过低	气孔过小 膨胀度不够	面团加工过度 面团过凉 面团过于紧实 主发酵时间过短 二次发酵时间过短（酵母过多） 酸度过高 面粉中酶活力过低

（续表）

面包的缺陷	原因	面包的缺陷	原因
面包心			
气孔过于密集 （这种情况在吐司面包中是正常的）	面团过于紧实 主发酵时间过短 烘焙温度过高	气孔过大 过于松弛且气孔特别不均匀	面团加工不足 面团过于温热 面团过于柔软 主发酵时间过长 二次发酵时间过长（酵母过少）
水环 I （面包心呈现圆环状密实区，该部分面包心的颜色较其余部分更深）	面团过于紧实 主发酵时间过短 二次发酵时间过短 烘焙温度过高	在切割时出现碎屑或面包心上有小卷	面团切割时间过早 酸度过高（干碎屑） 酸度过低（湿碎屑） 烘焙温度过低 面粉中酶活力过低
水环 II （面包皮下出现圆环状密实区）	面团过于柔软 面团过凉	干燥的面包心	面团过于紧实（含水量过低） 面粉中面筋结构较弱 面粉中酶活力过低
水条 （靠近面包底层的面包心湿润呈糊状）	面团过于柔软 酸度过低 面粉酶活力过高 烘焙时间过短 底部加热不足	面包心没有弹性 面包心黏糊糊的	烘焙时间过短 面团过于柔软 酸度过低 冷泡混合物或热泡混合物比重过大 面粉酶活力过高
明显的孔洞	面团加工不足 面团顶部或底部加热不足		
面包形状			
横切面过于扁平	面团过于柔软 切口过深或打孔过深 二次发酵时间过长 烘焙温度过低 酸度过低 面粉中酶活力过高	吐司面包呈收腰状 （尤其是小麦面包）	二次发酵时间过长 酵母过多 和面时间不够 烘焙时间过短或者温度过低 整形方法不当

（续表）

面包的缺陷	原因	面包的缺陷	原因
面包形状			
横切面过圆	面团过于紧实 切口过小或没有割包、打孔 二次发酵时间过短 烘焙温度过高 水蒸气太少或过早排出水蒸气 酸度过高 面粉中酶活力过低	吐司面包表面塌陷	烘焙时间过短或者温度过低 二次发酵时间过长 面团过于柔软 主发酵时间过短
面包皮裂口过小	二次发酵时间过长 主发酵时间过短 割包不理想 水蒸气过多 面团过于紧实 面粉筋度低	底部向上隆起	酸度过高 面团过于紧实 烘焙时间过长且温度过低
面包皮裂口过大或不受控制	二次发酵时间过短 主发酵时间过长 割包不理想 面团过于紧实 面筋过多的面粉	横切面呈梯形（底部较宽，两侧与底部呈锐角）	二次发酵时间过长 没有使用发酵篮 面团过于柔软 酸度过低 烘焙温度过低 水蒸气排出过迟
气味 / 口感			
寡淡，几乎没有香味	盐过少 和面时间过短 酵母过多 面团过于紧实 酸度过低 烘焙时间过短 面粉中酶活力过低	口感发酸	天然酵种含量过高 制作天然酵种方法错误 加入过多醋酸 天然酵种过度发酵 和面时间过长 冷泡混合物或热泡混合物自发酵

不要畏惧：创造属于自己的配方

无论何时，只要你积累了足够多的经验，就能够自己尝试创造配方。一开始，可能只是受时间所限或者想变换面包的口感或形状，你对现有的配方做了小小的调整，但你有可能因此创造出与众不同的杰作。面包烘焙的创意无穷无尽、趣味无限。每一次构想新配方时，你只要遵守一些基本条件，便可以尽情地在这片富有创造力的天地驰骋！

为了赋予面包某些特性，你应当主动选择每一种原料及其在面团中的比例。如果你对某种原料一无所知就贸然将其加入面团中，那么成功的概率就微乎其微了。

所有的原料都以面粉用量（谷物制品的用量）为基数计算而得。通常情况下，盐的用量不得超过面粉用量的2%。当然，也不排除例外，比如面包中种子含量较高、所用面粉型号较大或者加入的水特别软，这些情况都必须考虑在内。

每次制订原料用量之前，你应该确定期望的面团得率，即面团湿度，这是你创造配方的基础。

你应该先定留所有原料的烘焙百分比，这样一来，基于想要的面团的重量，你就可以很方便地换算出各种原料的实际用量。先要算出的是那些影响面团湿度的原料，即谷物制品、水和其他含水原料的用量。

酵母的用量和发酵方法有关。

根据选用的面团原料、所期待的面团特性和口感来选择酵头，同时相应地调整主发酵和二次发酵的时间。

一般而言，不妨将各种不同的配方比较一下，并以此作为自己的结果参考。

> 除了缜密的计划和丰富的经验，烘焙成功的关键始终在于不断地尝试，学会从失败中总结经验和教训。尝试，检验，纠错，重新尝试。只有这样，你才能做到从一开始就避免那些可能出现的错误。失败乃成功之母！

First published in Germany under the title:

Das Brotbackbuch

© 2014 by Eugen Ulmer KG, Stuttgart, Germany

Simplified Chinese translation rights arranged with Verlag Eugen Ulmer

Simplified Chinese translation copyright © 2018 by Beijing Science and Technology Publishing Co.,Ltd.

著作权合同登记号　图字：01-2016-1535

图书在版编目（CIP）数据

面包基础 /（德）卢茨·盖斯勒著；李一汀，史雨晨译. —北京：北京科学技术出版社，2018.3
ISBN 978-7-5304-9065-5

Ⅰ.①面… Ⅱ.①卢…②李…③史… Ⅲ.①面包－烘焙 Ⅳ.①TS213.2

中国版本图书馆CIP数据核字（2017）第303406号

面包基础

作　　者：〔德〕卢茨·盖斯勒		译　　者：李一汀　史雨晨	
策划编辑：刘婧文		责任编辑：张　芳	
责任印制：张　良		图文制作：肖东立	
出 版 人：曾庆宇		出版发行：北京科学技术出版社	
社　　址：北京西直门南大街16号		邮政编码：100035	
电话传真：0086-10-66135495（总编室）		0086-10-66161952（发行部传真）	
0086-10-66113227（发行部）			
电子信箱：bjkj@bjkjpress.com		网　　址：www.bkydw.cn	
经　　销：新华书店		印　　刷：北京捷迅佳彩印刷有限公司	
开　　本：720mm×1000mm　1/16		印　　张：16	
版　　次：2018年3月第1版		印　　次：2018年3月第1次印刷	

ISBN 978-7-5304-9065-5 / T·945

定价：89.00元